先讓魔王有魅力

王亞暉・著

破解好玩Game的爆紅公式!

設計遊戲之前必須搞懂的玩家體驗

Game
Design
Secrets

序言 Introduction

　　人都愛遊戲。郭沫若的甲骨文研究著作《卜辭通纂》裡就提到：「殷王好田獵，屢有連日從事田游之事……」，然足見殷時之田獵已失去其生產價值，而純為享樂之事矣。也就是說，在商朝時期，殷王就已經沉迷於田獵遊戲。在之後幾千年的時間裡，遊戲類型經歷了天翻地覆的變化，但一直沒有脫離讓人開心的本質。本書就是為大家說明，到底為什麼遊戲會讓人開心。

　　我們把焦點主要放在電子遊戲上。先從《超級瑪利歐兄弟》這款優秀的遊戲作品開始講起。

　　有個簡單的問題：在遊戲的開始，玩家是怎麼知道如何控制角色前進方向的呢？或者換句話說，玩家怎麼知道要往哪裡走？

　　在閱讀本書之前，可能大部分讀者沒有認真思考過這個問題。其實道理很簡單，瑪利歐出現在螢幕的最左邊，而臉朝右，這就暗示了玩家只可以朝右行走。當然，你朝左行走也會立刻發現此路不通。朝右走了兩步後，會發現頭頂某個方塊上有一個問號，顯而易見，這裡一定有什麼問題，頂一下之後發現金幣跑出來。這就告訴玩家，頂有問號的方塊會出現獎勵。緊接著，一隻「栗寶寶」朝你走來。仔細觀察一下，從表情可以看出來這傢伙應該不是好人。然後你會下意識躲避。當然，如果不躲避也沒事，大不了就是一死。角色死亡後，你可以在很近的地方重新開始。

　　如果你頂過前面那個方塊，那麼已經知道了怎麼跳躍，於是這裡就可以透過跳躍的方式躲避「栗寶寶」。如果你不小心踩到它的頭上，會發現可以直接踩死它，這樣就知道：原來這個遊戲是可以攻擊敵人的。之後，你會開心地嘗

試跳躍功能，並發現可以頂碎頭上的方塊，原來沒有問號的方塊是可以撞碎的。再往前走，你會發現頭頂某個有問號的方塊，出現一顆蘑菇，但是你不確定蘑菇是否有毒。無論有沒有毒，大部分玩家可能會直接吃掉它，或者反應不過來被迫吃掉它，然後會發現瑪利歐變大了。此時，你就知道蘑菇是沒有毒的，而且是有用的，只是瑪利歐變大對後面有什麼影響，現在還不知道，但無論如何這看起來很厲害。

以上這一切發生在十秒以內。這些內容可能很多讀者看到過，因為絕大多數遊戲企劃課程，第一節課要講這些。

這十秒鐘是遊戲產業至今最好的入門教材設計，或者說引導設計。自始至終沒有任何的文字提示，但是可以在十秒鐘的時間裡教會玩家上手這款遊戲。我稱它為「非提示性引導」或者說「自我發掘式引導」。那個時代的遊戲都是有說明書的，雖然大部分玩家不會去看，卻依然可以順利地開始遊戲。

在遊戲產業裡，有一個專有名詞「世界 1-1」，這個詞指的就是《超級瑪利歐兄弟》的第一關。絕大多數歐美國家的遊戲企劃，無論在就學階段還是在職業生涯期間都會完整回顧這一關的內容，可見這一關在遊戲產業裡有多重要。除了前面提到的那十秒鐘以外，這一關幾乎涉及遊戲產業中能想到的絕大多數設計技巧，比如後面就會看到三根水管通道，這三根水管通道的高度和距離是不同的，這是讓玩家練習和理解自己的跳躍能力。玩家會明白遊戲裡的跳躍有大跳、小跳和助跑跳，每一種跳躍方式都可以透過按鍵時間的長短來控制。之後玩家還會發現，吃了蘑菇、花、星星等道具，會獲得變大、攻擊、無敵等效果；敵人的類型也是五花八門的；甚至在之前玩家以為沒有獎勵的磚塊裡也會出現驚喜。

我前面一直迴避一個詞，而現在這個詞很適合在這裡解釋一下，它就是遊戲機制（Game Mechanics）。到底什麼是遊戲機制？機制和規則（Rules）到底有什麼區別？

這兩個問題並不難，從一般意義上來說，明確告訴玩家，寫在產品包裝盒和說明書上的就是規則，而那些需要玩家在遊戲內發掘的就是機制。**規則是清晰的、宏觀的，而機制是隱藏的、精密的。**在《超級瑪利歐兄弟》裡，當你救

出公主就算獲勝，這是規則，而期間你需要跑步、跳躍障礙、吃蘑菇以及躲避各種敵人，這些你需要經歷的都是機制。

前文提出的那些元素及遊戲過程中經歷的一切都可以細化成機制。

對於大部分遊戲從業者來說，規則和機制的區分並不算明確，但這個話題值得深究。簡而言之，在遊戲一開始，**開發者需要讓玩家理解的是遊戲規則，而遊戲機制需要玩家在遊戲過程裡一點一點地發掘**。站在這個角度來說，**遊戲一開始需要理解的規則越簡單越好，而遊戲機制需要在整個遊戲過程裡盡可能給玩家帶來更多的樂趣**。

這就是一種非常典型的圍繞遊戲機制的思考方式，遊戲設計本身就是為了提升玩家的參與興趣。

這也是本書要回答的一個問題：遊戲為什麼好玩？

在正文開始前，還需要提及另外一個很重要的概念。

遊戲產業有一個被人普遍認同的設計邏輯叫作「遊戲迴圈」，包括學習、嘗試、應用、精通四個步驟。這也是《超級瑪利歐兄弟》這款遊戲設計上的核心思想。宮本茂在受訪時曾經提到過：「我們在製作《超級瑪利歐兄弟》時，首先會確定地圖大小，然後再嘗試從中添加挑戰者要素。《超級瑪利歐兄弟》的任何一個挑戰要素都一定具備學習的場所、實際嘗試的場所、應用的場所和練至精通的場所。」雖然說起來簡單，但這才是真正意義上好的遊戲機制的設計方法。

絕大多數的遊戲本身和遊戲機制可以歸納為一個遊戲迴圈，而如何設計一個優秀的遊戲迴圈也是遊戲設計者需要考慮的核心問題。

在正文開始前還是強調一下，本書的目標閱讀群體是新手遊戲開發者、遊戲玩家和對遊戲化機制感興趣的人。本書不會講任何太深奧的遊戲開發問題，更不會講遊戲怎麼賺錢。

目錄 Contents

CHAPTER 1 空間

CHAPTER 2 時間

CHAPTER **3** 死亡

CHAPTER **4** 金錢

CHAPTER **5** 道具

CHAPTER **6** 技能

CHAPTER 7 任務

CHAPTER 8 合作和對抗

CHAPTER 9 收集

CHAPTER 10　偶然性

CHAPTER 11　成長和代入感

CHAPTER 12　大決戰

CHAPTER **13** 挑戰生理極限

CHAPTER **14** 機制的關聯性

CHAPTER **15** 遊戲機制的組合法

APPENDIX A 後記

1 空間

《俄羅斯方塊》、消除類遊戲和連連看的空間限制

從有遊戲開始（這裡指的不僅僅是電子遊戲，還包括傳統遊戲），空間就一直是最重要的機制，甚至可以說空間機制是遊戲的原點。玩家爭奪空間的擁有權，就是一種遊戲玩法。

圍棋就是典型的空間機制遊戲。先秦典籍《世本・作篇》提到「堯造圍棋，丹朱善之」，表明圍棋在四千多年前就已經存在。經過幾千年的發展，圍棋演變為現今對弈雙方在 361 個點上爭搶空間的遊戲。圍棋之所以流傳數千年，也是因為它有一個很容易解釋清楚的規則——只要在棋盤上盡可能地獲取更大的空間就可以。但是圍棋又有一系列需要人反覆鑽研的複雜機制，上千年來無數人沉迷其中。**好的遊戲都是用簡單的規則衍生出複雜的機制。**

圍棋和中國象棋、國際象棋、日本將棋相比有個非常明顯的區別，即圍棋最終不是經由吃掉對方的固定棋子來獲勝，這就進一步增加了遊戲的複雜程度，也使得圍棋更加接近我們所熟悉的使用空間機制的電子遊戲。

如果對圍棋的規則不是太熟，那我們換個很多人小時候玩過的，在 3×3 的格子裡畫叉和圈的井字遊戲，這也是典型將空間爭奪機制做為核心玩法的遊戲。這類遊戲的普遍特點就是占有空間的多少是決定勝利與否的唯一標準。

進入電子遊戲時代以後也是如此。

早在 1975 年，電子遊戲時代剛剛開始時，就有使用空間機制的遊戲。這一年，史蒂夫・賈伯斯（Steve Jobs）和史蒂夫・沃茲尼亞克（Steve Wozniak）還沒有建立蘋果公司，兩人在當時的遊戲巨頭雅達利（Atari）[1]上班，開發了一款名為《打磚塊》（Breakout）[2]的遊戲。遊戲玩法也很簡單，球碰到磚塊後磚塊

---

[1] 雅達利是美國諾蘭・布希內爾（Nolan Bushnell）在 1972 年成立的遊戲公司，是街機、家用電子遊戲機和家用電腦遊戲的早期拓荒者。

[2] 《打磚塊》是一款由雅達利創始人布希內爾和史蒂夫・布里斯托（Steve Bristow）構思的街機遊戲。《Pong》開發者艾倫・奧爾康（Allan Alcorn）為此遊戲開發工作的負責人，並於 1975 年與 Cyan Engineering 合作開發此遊戲。同年，奧爾康委任賈伯斯設計此遊戲的街機原型，之後賈伯斯和沃茲尼亞克一起完成了開發。

會消失，球落到螢幕下方會失去一顆球，球碰撞後可以反彈，用球把磚塊全部消除就可以過關。這款遊戲使用最簡單的遊戲機制和規則，它有玩家可控的元素，且該元素在控制上存在操作難度、有明確的失敗條件、有明確的獲勝條件。這些也是構成一款遊戲最基本的要素。而同樣重要的是，這款遊戲也成功利用了空間機制，玩家的目的就是消除所有的磚塊。

《打磚塊》的出現，開創了電子遊戲空間機制的時代。那時的設備普遍表現力有限，不需要太多畫面，媒體和玩家還都以玩法來評價一款遊戲的優劣，最為單純的空間機制的遊戲得以大展身手。

1984 年，阿列克謝·帕基特諾夫（俄語：Алексе́й Леони́дович Па́житнов; 英語：Alexey Pazhitnov）在工作之餘製作了一款小遊戲——《俄羅斯方塊》（俄語：Тетрис; 英語：Tetris）[3]。一些特殊的時代原因，導致這款遊戲出現了一系列複雜的版權問題，甚至是一連串近乎混亂的法律糾紛，這些糾紛就不在此贅述。但這種背景依然不影響這款遊戲風靡全世界，這背後只有一個原因——好玩。

《俄羅斯方塊》是一款近乎教科書般利用空間機制的遊戲，但《俄羅斯方塊》也是特殊的，它的遊戲機制最另類的地方在於**成就會消失，而錯誤會累積**。

空間機制遊戲最主要的樂趣在於有限性的空間，當空間全部被消耗就意味著遊戲結束（勝利或者失敗），是所有這類遊戲的基礎規則，而好的機制就要合理地利用這個規則。

電子遊戲和傳統遊戲最本質的區別是，電子遊戲可以創造相對客觀的隨機性；而傳統遊戲的隨機性主要靠對手創造。比如圍棋裡的隨機性主要取決於對手的下一步棋走到哪裡，這也就是為什麼傳統遊戲基本是雙人對弈遊戲。而電子遊戲可以藉由計算機創造隨機性，《俄羅斯方塊》就是利用了計算機的這種特性。關於隨機性的話題，後文會有專門的章節講到，這裡就不多說了。

---

[3] 《俄羅斯方塊》是蘇聯科學家阿列克謝 帕基特諾夫利用空閒時間所編寫的，在 1984 年 6 月 6 日發表的遊戲。它的俄語原名來源於希臘語 tetra（意為「四」），而遊戲的作者最喜歡網球，於是他把 tetra 與 tennis（網球）結合，造了「tetris」一詞，之後開始提供授權給各家遊戲公司。

不同形狀的方塊隨機下落，玩家控制方塊的方向，填滿一排後消除，如果空間填滿則遊戲結束，這就是《俄羅斯方塊》最核心的機制組合：簡單，但是有趣。在此之後，出現了一系列的模仿遊戲——隨機產生元素，玩家消除元素，當元素填滿後遊戲結束。也是因為受到了《俄羅斯方塊》的影響，早期遊戲大部分是下落式消除遊戲，新的方塊都是從上方落下的，當然這種設計也符合我們對重力的基本認知。

　　以《俄羅斯方塊》為主的下落方塊類遊戲其遊戲性表現在三點：

1. 隨機性帶來的驚喜感。

2. 消除方塊後帶來的成就感。

3. 空間減少帶來的緊迫感。

　　也就是說，**好玩的遊戲一定不是只有單一的機制和單一的遊戲性表現，而是需要一系列相關機制合適地組合在一起**。這裡還有個題外話，什麼是遊戲性？學術界認為，遊戲性是判斷一種活動是不是遊戲的標準，簡單來說就是，是否足夠好玩。

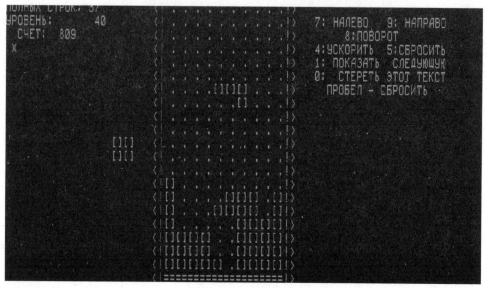

▲ 圖 1-1　早期平臺上的《俄羅斯方塊》

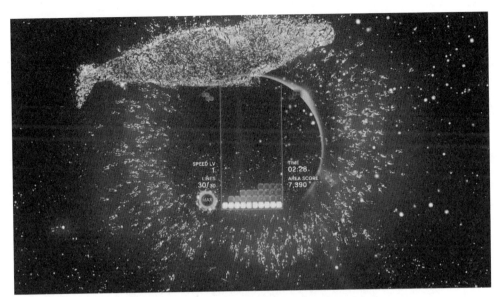

▲ 圖 1-2　2018 年的《俄羅斯方塊效應》

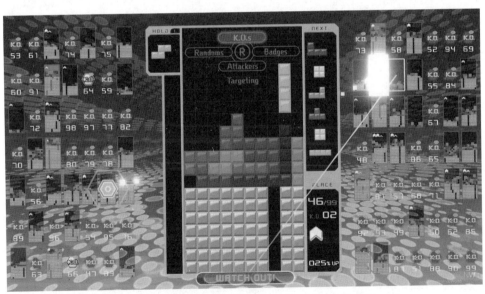

▲ 圖 1-3　2019 年有聯機對戰模式的《俄羅斯方塊 99》

《俄羅斯方塊》之後，同類型遊戲最成功的是 1990 年任天堂的《瑪利歐醫生》（Dr. Mario），遊戲的主介面被做成玻璃瓶，每一關開始時裡面會分布著紅、黃、藍三種顏色的細菌，而類似《俄羅斯方塊》裡方塊的道具是由紅、黃、藍三種顏色組合而成的膠囊。玩家操作下落的膠囊，當包含細菌本體在內，橫向或縱向達成四格同一顏色時，該細菌就會被消除。

　　和《俄羅斯方塊》相比，這款遊戲進步的地方有兩點：一是加入了故事背景，玩家操縱的是瑪利歐醫生，透過給藥來消滅細菌，增強了玩家的代入感（這也是電子遊戲增強代入感最簡單的方法）；二是加入了顏色機制，消除不再是只從外形組合來實現，而是藉由顏色。顏色機制可以說是《瑪利歐醫生》對未來行業最大的貢獻，正是這個機制，促使日後最重要的遊戲類型──「消除類遊戲」誕生。本書沒有專門去講顏色機制，但其實透過顏色區分事物是人類的本能之一，只是可以拓展的遊戲至今都比較少，應用範圍相對狹窄。

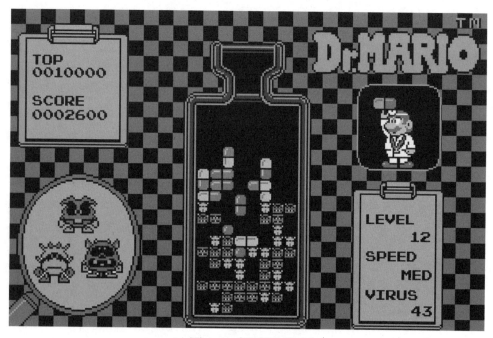

▲ 圖 1-4　《瑪利歐醫生》

註：雖然《瑪利歐醫生》不是第一個利用顏色機制的，但它是日後消除類遊戲誕生最重要的參考，
　　畢竟這是一款銷量達到 350 萬套的超級暢銷遊戲。

1991 年，一家名為 Compile 的小公司製作的《魔法氣泡》爆紅，該遊戲也使用了類似的消除機制。這款遊戲和《瑪利歐醫生》的遊戲機制過於相似，所以一度引起巨大的輿論爭議，但依然取得不錯的銷量成績。這家公司後來破產，該遊戲的版權被賣給了 SEGA[④]。時至今日，《魔法氣泡》系列依然在出新作品，是消除類遊戲裡真正的長青樹。

然而當時的遊戲基本還是以落下的機制為主，最主要的創新是換了落下的方向。那時有遊戲把從上方落下改成了從左側或右側甚至下方進入，只能稱得上是微創新。

最有代表性的大型創新來自《泡泡龍》（Puzzle Bubble），這款遊戲 1994 年誕生自日本另一個遊戲巨頭 Taito[⑤]。其實這款遊戲是傳統《泡泡龍》系列的外傳類作品，《泡泡龍》系列的正篇是類似《冒險島》的橫向捲軸遊戲，但誰也沒想到這款外傳類作品成了這個系列影響力最大的遊戲。這款遊戲把從上方落下的形式換成了從下方出現，當然還有很多其它創新，比如玩家只能控制元素出現的方向；每次出現的元素只有一個，但利用顏色區分；當三個元素顏色一樣時就可以消除。這也是消除類機制早期比較成功的應用範例。

之所以是湊齊三個消除，而不是兩個和四個，是因為兩個太容易，四個又太難了。湊齊三個更像是一種經驗主義下的產物。

---

④ SEGA Corporation（日語：株式會社セガ；又名世嘉株式會社）是日本一家電子遊戲公司。曾經是世界知名的遊戲機生產廠商，但效益堪憂，於 2001 年放棄遊戲機業務，轉型為單純的遊戲軟體生產商。

⑤ 株式會社タイトー，成立於 1953 年，曾經是日本街機行業的巨頭，2005 年被史克威爾‧艾尼克斯公司收購。

▲ 圖 1-5　《泡泡龍》意外成為整個系列影響力最大的遊戲

　　1995 年，任天堂的《俄羅斯方塊攻擊》（Tetris Attack）上市，這個用了《俄羅斯方塊》名字的遊戲成為最早透過換位置來實現消除的遊戲，這個創新也為日後的消除類遊戲提供了另外一個機制上的啟發：除了從天而降的方塊，空間內的方塊位置也是可以調整的。這也是空間機制裡的一個重要應用：**空間內元素的調整和置換**。

▲ 圖 1-6　《俄羅斯方塊攻擊》裡，白色方塊區域的兩個方塊是可以交換位置的

之後的遊戲機裡，消除類遊戲進入一段漫長的沉寂期，既沒有太熱銷，也缺乏足夠的創新。我們回顧那段歷史會發現，出現這種情況有很明顯的時代背景原因。最主要的是進入二十世紀 90 年代以後，遊戲市場開始走向明顯的「大作化」，這種小而美的遊戲並不太受主流市場的歡迎，這也是連《瑪利歐醫生》這種超級熱門的遊戲都沒有出過續作的主要原因。

這期間，利用空間機制的另外一類遊戲突然爆紅，就是我們常說的「連連看」遊戲。遊戲一開始直接給出一個被填滿的空間，玩家需要在空間裡找到兩個相同的元素連在一起後消除，直到清空這個空間。也就是說，這款遊戲使用一個和其它空間機制遊戲完全相反的開局，但是勝利機制類似，都是要保證空間裡的元素盡可能少。

關於連連看類遊戲，有個很有趣的題外話，那就是這類遊戲的英文名到底是什麼。

其實絕大多數歐美玩家稱呼這類遊戲為「麻將」（Mahjong）、「上海」（Shanghai）或者「四川」（Sichuan），這三個名字都是這類遊戲的簡稱。之所以叫這些名字，是因為早期連連看遊戲大量使用了麻將牌的牌面，最受歡迎的系列名字就叫做「上海」。日本曾經有過一個爆紅的機臺連連看遊戲，為了獨樹一幟就叫做「四川」。從遊戲本身來說，現今絕大多數連連看遊戲皆繼承自「四川」遊戲。

▲ 圖 1-7　在歐美和日本玩家眼裡，這種麻將遊戲就是連連看遊戲的原型

而這種模式在華人地區竄紅是因為一款名為《連連看》的小遊戲。該遊戲使用了《精靈寶可夢》的元素，但由於一些問題所以並沒有正式發行。這款遊戲和外國那些麻將遊戲最主要的區別是簡化了規則，沒有複雜的分層關係，玩家只需要找兩個一樣的連起來即可。這款遊戲也為遊戲產業提供一個簡單的思路，即只要換一個牌面，那就是一款全新的遊戲，於是也出現各種奇怪主題的連連看遊戲。

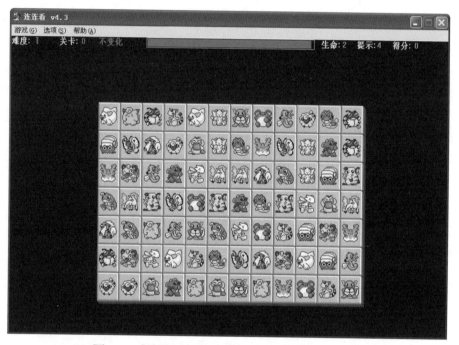

▲ 圖 1-8 《連連看》的真實作者是誰已經不可考了，但這款遊戲從遊戲性來說是非常成功的

2001 年， PopCap Games[6] 的《寶石方塊》（Bejeweled）上市，成為日後消除類遊戲的「教科書」。遊戲的核心玩法只有三個：

1. 換位：在遊戲畫面裡，玩家選中兩個相鄰的寶石位置並產生互換。

---

⑥ PopCap Games（又名寶開遊戲）是一家美國休閒遊戲開發商和發行商，總部設在華盛頓州西雅圖市。它由約翰・維奇（John Vechey）、布萊恩・菲特（Brian Fiete）和傑森・卡帕卡（Jason Kapalka）於 2000 年成立，在上海、舊金山、芝加哥、溫哥華和都柏林設有研發基地。

2. 消除：交換位置後，如果橫排或直排有連續三個或三個以上相同的寶石，則這幾個相同的寶石消除。

3. 連鎖：寶石消除後，上面的寶石會掉下來填補空位。這時如果出現連續三個或三個以上相同的寶石，則這些寶石還會繼續消除，消除後還可以重複這個過程。

其中最能讓玩家產生遊戲快感的是連鎖機制。當玩家一次操作後可以獲得多次連續消除的機會，成就感也是數倍增加的，**之後的連鎖反應都是對第一次操作的獎勵，**而獎勵機制也是最重要的遊戲機制，是驅使玩家一步一步堅持下去的最佳動力。連鎖機制也是日後所有空間消除類遊戲都會採用的核心機制。

《寶石方塊》也為之後消除類遊戲提供最重要的參考，甚至可以說開創了這個遊戲類型的市場。《蒙特祖瑪的寶藏》（The Treasures of Montezuma）系列則將消除類遊戲的視覺感觀推到一個新高度。

▲ 圖 1-9 《寶石方塊》和現在玩家玩到的消除類遊戲區別不大

▲ 圖 1-10 《蒙特祖瑪的寶藏》系列將消除類遊戲的視覺感觀推到新高度

在消除類遊戲上嘗到甜頭的 PopCap Games 在 2004 年又製作了《祖瑪》，該遊戲成為消除類遊戲的另一個熱門款。這款遊戲的主要玩法是：滑鼠控制位於地圖中央的青蛙吐球，左鍵發射小球，有三個以上相同顏色的小球相連即可消除，看起來就像是一個能 360 度旋轉的《泡泡龍》。當然，這款遊戲也加入了和《寶石方塊》一樣的連鎖機制，而這個連鎖機制的完美應用也成為該遊戲最大的賣點。

《祖瑪》還涉及遊戲產業一個比較典型的侵權案例。這款遊戲的原型是日本遊戲公司 Mitchell 於 1998 年製作的《Puzz Loop》，Mitchell 曾經考慮過控告 PopCap Games，但是跨國官司極其複雜，Mitchell 也並不是一家有很強資金實力的大公司，因此最終選擇了放棄。當然，嚴格意義上來說，這兩款遊戲其實算不上誰抄襲誰，《祖瑪》也有很多遠勝於《Puzz Loop》的地方，比如遊戲裡的軌道更加複雜，甚至有層疊關係。

這個玩法之後也衍生出一系列相似的遊戲。

▲ 圖 1-11 《祖瑪》

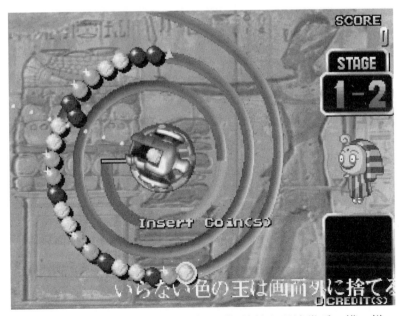

▲ 圖 1-12 《Puzz Loop》和《祖瑪》的核心玩法幾乎一模一樣

進入手機遊戲時代，消除類遊戲成為遊戲市場中休閒遊戲的絕對主流。這背後有一個重要原因，即智慧手機遊戲有「觸控」這個特殊的操作方式，而「觸控」方式有個很典型的體驗是，**低敏感度的操作提供正反饋，高敏感度的操作提供負反饋**。手機上一直有類似《祖瑪》的遊戲，但是一直紅不起來就是因為這一點。《祖瑪》這種需要 360 度判定的遊戲對操作的精細度要求過高，大部分休閒遊戲的玩家不願處理這種細節過多的操作，但是對於消除類遊戲來說，只交換兩個元素的操作非常簡單，也就更加適合手遊玩家。

值得一提的是，消除類遊戲在發展過程中出現了兩個明顯的分支。一是計步玩法，玩家在有限的步數內完成消除；二是計時玩法，玩家在有限的時間內盡可能地多消除。這兩種限制模式導致這兩種遊戲的類型和核心玩法幾乎截然不同，計步玩法更接近一款策略遊戲，而計時玩法是一款比反應力的動作遊戲。從結果來說，絕大多數普通玩家對反應類遊戲的興趣更大，而越接近策略遊戲的機制，會讓遊戲越偏向核心玩家的口味。

日後，消除類遊戲的玩法開始和其他類型的遊戲融合，例如《龍族拼圖》，用消除代替遊戲的戰鬥環節。這裡說個題外話，傳統 RPG 面臨的最大創作困境就是戰鬥環節的模式化。而現在，戰鬥環節本質上也是一個抽象的形式，除了《龍族拼圖》這種用消除來代替之外，還有像《極樂迪斯可》這種用問題對話來代替的。

在其他遊戲裡，我們也經常可以看到空間限制類的機制。例如《絕地求生》等「吃雞」類遊戲，其縮圈機制就是最標準的空間機制的使用。如果沒有這個機制，那麼一場遊戲的時間可能長達數小時，到遊戲後期，玩家可能遇不到對方，正是縮圈機制逼迫玩家相遇和戰鬥。事實上，《絕地求生》的核心機制和我們小時候玩的「搶椅子」是一樣的。而在《斯普拉遁》（又譯：漆彈大作戰）裡，占據的空間是判斷勝負最主要的因素，而不是擊倒敵人。

另外一個典型的例子是 MOBA（Multiplayer Online Battle Arena，多人線上戰鬥競技）類遊戲的地圖。

MOBA 類遊戲的地圖設計也應用大量的空間機制。最典型的一點就是,標準的 MOBA 類遊戲地圖的中間點都是一個十字路口,而十字路口的設計除了增加通路數量來豐富戰術以外,在現實世界裡,十字路口還代表了失序和衝突,這種對場景的暗示也會被帶入遊戲當中,很多遊戲會下意識地使用這種設計。

MOBA 類遊戲另外一個很經典的空間機制就是不可見空間的範圍。比如在《英雄聯盟》裡,遊戲內有兩種不可見範圍:一種是草叢,除非兩人共處一個草叢裡,否則草叢外的人是看不到草叢裡的人;另一種是戰爭迷霧,在沒有我方單位的範圍內,會有一層迷霧效果遮擋敵方動態,玩家只能看到地形,看不到敵方單位。

戰爭迷霧這個詞本來就是個軍事詞彙,甚至在軍事戰術上有極高的價值,大部分國家拚命發展雷達技術也是為了盡可能獲取對方的資訊。在遊戲內同樣如此,在《英雄聯盟》的排位賽和職業賽上,幾乎就是在圍繞遊戲內視野作戰。

遊戲內有特殊道具「眼」,玩家可以透過眼來探知一定範圍內是否有敵人,而每個人攜帶和可使用的眼的數量又是有限的,所以在遊戲裡什麼時候使用眼,也成為高水準玩家需要思考的問題。

最基本的戰術就是,玩家在前期需要保證自己周圍的河道處有足夠的視野,防止自己被其他人抓到;而在遊戲內公共資源刷新的時間點上,周圍也要有足夠的視野,確保可以獲取充足的資訊。

在 DotA 裡,視野的使用更加豐富。遊戲中,野區裡的怪物會每分鐘刷新,但是當怪物周圍有視野的時候就不會刷新。於是,在 DotA 裡用眼進行「封野」讓特定地點的怪物不刷新,也成為重要的戰術。

戰爭迷霧、草叢和「封野」本質上就是利用空間壓縮機制來產生遊戲樂趣。

在之後的內容裡,我會更為詳盡地闡述空間機制的使用。這裡需要記住的只有一點:**空間機制遊戲性的核心要素就是空間的有限性。**

地下城和空間的巢狀關係

不知道讀者有沒有玩過桌遊，比如《大富翁》（Monopoly）或者跑團類的桌遊。這類桌遊有個非常典型的設計就是一定會給玩家一張地圖，玩家的活動區域就限制在這個地圖內。在有電子遊戲之前，這是歐美宅男最喜歡的遊戲，而電子遊戲也繼承了很多傳統桌遊的概念，其中就包括地圖的概念。

在絕大多數電子遊戲裡，首先確定的是玩家有一個可以活動的空間，就是玩家的地圖空間，尤其在 RPG 裡這是非常典型的應用。而傳統 RPG 裡的地圖空間都有明確的巢狀關係，所有情景並不是完全發生在一個平面上的。

其中最經典的就是地下城（Dungeon）的設計，這裡指的是那些獨立於遊戲主地圖、充滿**怪物**和**迷宮**的空間。要強調的一點是，「地下城」只是一個針對這類地圖的代稱，並不一定是地下空間，有很多地下城的表現形式是地上甚至是天上的空間。

1981 年，《巫術》、《魔法門》、《創世紀》系列開啟歐美 RPG 之路，《勇者鬥惡龍》和《薩爾達傳說》點燃日本 RPG 之火，《仙劍奇俠傳》、《軒轅劍》、《劍俠情緣》成為華人 RPG 最成功的「三劍」。這些遊戲都沒有脫離地下城，甚至地下城一直都是 RPG 最核心的元素。

提到地下城就很難不提到迷宮。

早期遊戲裡地下城的核心玩法就是走迷宮，這也是那個時代最折磨遊戲玩家的一件事。當時的遊戲中不可避免地出現大量迷宮的主要原因是，受限當時遊戲主機的機能，迷宮是延長遊戲時間最好的辦法。迷宮越複雜，玩家玩的時間越長，越會覺得賺了，當然這僅限於早期遊戲，現在的玩家基本上無法接受那麼複雜的迷宮。

南夢宮在推出《鐵板陣》[7]（Xevious）後，成為世界上數一數二富有的遊戲公司，資金上的保障讓他們開始嘗試更多複雜甚至有風險的遊戲風格，其中

---

[7] 《鐵板陣》是遊戲史上第一款直向捲軸式的射擊遊戲，南夢宮因這款遊戲的熱賣，建造了一座被稱為「鐵板陣大樓」的新辦公樓。

一款作品是《鐵板陣》的製作人遠藤雅伸負責開發的《迷宮塔》。這款遊戲被認為是世界上第一款 ARPG，當然，時至今日我們再看這款遊戲會發現，這就是一款單純走迷宮的遊戲。在之後很長時間裡，ARPG 都以走迷宮為核心玩法。資深的遊戲設計師會在地下城裡加入很多自己的小巧思，比如跟地下城相關的還有一個可視範圍的問題，**越緊湊、可視範圍越小的地圖，越容易給玩家帶來壓迫感。**

▲ 圖 1-13　從《迷宮塔》開始，ARPG 就在走迷宮

典型案例是《暗黑破壞神》前兩部，安全區域和地下城的可視範圍是不同的，地下城的可視範圍明顯更小，因此《暗黑破壞神 2》的地下城讓玩家感到強烈的壓迫感。而到了《暗黑破壞神 3》，遊戲地圖整體設計得比較空曠，這種壓迫感也就消失了，這也是《暗黑破壞神 3》地圖設計較為失敗的地方。也就是說，地下城的設計也和遊戲內容的表達息息相關。

但這種以迷宮為主的遊戲方式越來越引起玩家的反感。之後隨著遊戲主機性能的提升，迷宮這一要素逐漸被弱化。主打復古懷舊的 JRPG《歧路旅人》（Octopath Traveler），都沒敢做太多的迷宮，而傳統的 RPG，像《Final Fantasy》和《勇者鬥惡龍》系列已經把迷宮弱化到最低程度。

雖然迷宮變少了，但是地下城的概念一直存在。因為迷宮是地下城的眾多元素之一，卻不是唯一元素。很多地下城不是迷宮型的，比如解密和 Boss 戰也可以成為地下城的元素，甚至單獨的故事線索都是地下城經常有的元素。

地下城的存在主要有四個原因：

1. **RPG 的核心是故事性和人物塑造，而這兩點很難填補遊戲時長。** 比如玩家最熟悉的《仙劍奇俠傳》系列，哪怕口碑最好的第一部，如果沒有地下城，遊戲時間也可能不會超過一個小時，主要消磨玩家時間的就是一個接一個的地下城。從遊戲機制上來說，地下城讓玩家產生覺得花錢很值得的心理作用。

2. **一款 RPG 想要成功，很重要的一點就是讓玩家對於主角有代入感，代入感最好的設計是讓玩家和主角有共同成長的體驗。** 在地下城裡設置困難關卡就是創造這種體驗的最好方式，當然並不是唯一方式。

3. **玩家需要在遊戲裡找到成就感，其中成就感最重要的來源就是「我戰勝了敵人」和「我完成了挑戰」。** 地下城就是這個挑戰最直觀的表現，一輪又一輪的敵人或者高難度的解謎設計，都可以讓玩家在成功後獲得前所未有的成就感。也就是說，只要地下城設計得好，那麼走出地下城本身就是一種對玩家的獎勵機制。

4. **地下城本身可以做為故事線索。** 以玩家熟悉的《仙劍奇俠傳》為例，在需要找到 36 隻傀儡蟲時，玩家要在地下城裡反覆戰鬥。這個戰鬥過程凸顯了傀儡蟲的價值，也渲染了李逍遙對林月如感情的執著。

時至今日，哪怕 RPG 已經開始普遍製作開放的世界地圖，甚至地圖沒有明確的層級劃分，但還是會有類似地下城的設計存在。比如在《巫師 3》和《刺客教條：奧德賽》裡，都有專門的長時間連續戰鬥內容，也是為了達到和地下城一樣的效果；《薩爾達傳說：曠野之息》裡還保留了更接近地下城的神廟系統。

當然，地下城的存在也不是沒有問題的。意義上嚴格來說，地下城絕對不是一個好的設計。

首先，**地下城是一個很容易讓人產生疲勞感的設計**。就像我前面提到的，**地下城本質上是一個以極強目的性為前提，設計出來的機制**，這就很難適合每一個玩家。在西方國家，最早 RPG 遊戲之一的《巫術》出現時，就從頭到尾使用地下城設計，一開始沒有任何詳細的交代，直接把主角推到地下城裡開始戰鬥。更重要的是，《巫術》這種最樸素的回合制遊戲，其遊戲性也並不算多強，這種設計在開始時大家還玩得不亦樂乎，但是日後遊戲產業，尤其是美國的 RPG，開始逐漸走進了有大量文字內容和詳細故事背景描述的時代。以黑島工作室的《柏德之門》為代表，地下城的設計成為遊戲的輔助。

　　其次，**地下城很容易脫離遊戲劇情本身，讓玩家有「出戲」的感覺**，尤其是使用了大量迷宮元素時。比如《仙劍奇俠傳》第一部，鎖妖塔和試煉窟兩個地下城的設計過於冗長，迷宮極其複雜，敵人眾多，導致很多玩家打通鎖妖塔以後，已經降低對主線劇情的代入感。《新仙劍奇俠傳》裡重製過的將軍塚也有類似情況，如果不看地圖，很可能要在裡面迷路數小時。《仙劍奇俠傳三外傳：問情篇》裡，地下城設計的糟糕程度已經達到了台製遊戲的巔峰，以至於被玩家調侃，稱其為「問路篇」，包括我在內的大部分玩家要在地圖的說明下才可以通關。當一款遊戲需要地圖才能通關的時候，說明這款遊戲的設計已經出了問題。

　　之後大部分遊戲在地下城的設計上多少會遵循三個原則：

1. **地下城的難度不能太高，或者說迷宮難度和敵人難度不能同時高**。比如《暗黑破壞神》系列就明顯降低地下城的迷宮難度，到《暗黑破壞神 3》可以說幾乎已經沒有迷宮了，玩家幾乎不會在遊戲裡真的迷路。

2. **地下城本身不能完全脫離故事，或者不能脫離遊戲的某個核心機制**。比如《寶可夢》系列，在裡面的每一個地下城中，玩家都可以捕捉到能制伏下一個館長的寶可夢，這至少能讓玩家直接感覺到地下城的價值，玩家也就不會對通過地下城這件事感到煩躁。

3. **主線相關的單一地下城不能太過漫長**。現在已經很難在歐美遊戲裡看到這種設計了，日本的主流遊戲裡也越來越少在主線中出現複雜的地下城。遊戲要保證玩家的主線體驗盡可能流暢。

進入網路遊戲時代，地下城的機制設計有了明顯的改變。

絕大多數 MMORPG 的主線劇情是被弱化的，為了延長玩家的遊戲時間，支線劇情就變得非常重要，所以多數 MMORPG 遊戲的支線劇情非常複雜，甚至地下城的機制也和單機 RPG 截然不同。

《魔獸世界》為日後的遊戲產業提供一個很好的範例，在《魔獸世界》裡，支線任務使用了另外一個名字 Instance，國內翻譯為副本。當然，《魔獸世界》並不是副本機制的發明者，嚴格意義上來說，最早使用副本機制的網路遊戲是《The Realm Online》，但《魔獸世界》把這個機制完善並且推廣開來。每個副本都擁有完整的劇情、完整的地下城設置和獨立的 Boss。《魔獸世界》的每個副本就相當於一個完整的故事，有完整的敘事線索、迷宮和戰鬥環節，甚至還有機會獲得特殊的裝備。這種創造性的設計改變整個網路遊戲產業，這也成為日後 MMORPG 都在學習的機制。而副本最大的意義是創造每一個人都可以當英雄的遊戲氛圍，比如在《無盡的任務》裡，只有少部分人有機會接觸到高等級的 Boss，而副本機制給了普通玩家這個機會。

副本機制存在的最主要意義在於，解決了網路遊戲在時間上的問題。在有副本以前，玩家的遊戲時間幾乎完全依賴高遊戲難度，高難度刺激玩家重複刷裝備，而副本機制出現以後，玩家有了更多選擇。

當然，刷裝備這件事最終還是難以避免。

《小精靈》和《倉庫番》

《小精靈》是 1980 年南夢宮開發的一款遊戲，製作人為岩谷徹，這款遊戲也是二十世紀 80 年代全世界最成功的遊戲之一，無論在商業還是口碑上。

岩谷徹在開發《小精靈》時，打算製作一款針對女性玩家的遊戲。一開始就先列舉女性玩家可能喜歡的東西，包括時尚、算命、食物、約會，但最終選擇了「吃」。在確定這個主題後，對於主角的形象卻一直沒有好的點子，直到有一天岩谷徹吃披薩時，小精靈的形象浮現在腦子裡。當然，關於從披薩獲得主角外形靈感這件事也很可能是個傳言。

當然，我們要說的不是吃的問題，而是《小精靈》的主要遊戲點是**空間壓縮機制**。

大家還記得自己第一次玩《小精靈》時的感覺嗎？肯定十分緊張吧，眼看著敵人離自己越來越近，卻無路可走。這種情況就是你在遊戲裡的生存空間被壓縮了，而你需要的就是透過移動盡可能獲取更多的生存空間。這和現實世界裡玩貓捉老鼠的遊戲一樣，做為「老鼠」的你被「貓」圍堵在角落也是相似的狀態。

岩谷徹在自己撰寫的《小精靈的遊戲學入門》裡曾經闡述過敵人的移動規則：第一隻緊跟在小精靈的身後，第二隻會去小精靈前方的不遠處攔截，第三隻與小精靈做點對稱移動，第四隻毫無規律地移動。

這四個敵人的目的就是透過移動和配合來壓縮玩家的生存空間。這也是《小精靈》成為遊戲史上最偉大的遊戲的原因之一。《小精靈》裡明確定義**玩家生存空間的概念，在日後絕大多數 RPG 裡，玩家在地下城或者地圖上遇到的那些敵人，並不一定是讓玩家去戰鬥，而只是藉由壓縮玩家的活動空間，驅使玩家被動前進。這增加玩家的緊張感，也具有情緒渲染的作用。**這種空間壓迫帶來的緊張感在大部分 RPG 和動作遊戲裡，是常見的調動玩家情緒的方式之一。比較典型的應用是《洛克人》，玩家經常會被後面的敵人或者火焰之類的追擊，被迫快速前進。這在橫向捲軸遊戲裡是一種非常見的要素。

另外一款非常典型的空間機制遊戲是 1981 年由今林宏行開發的《倉庫番》，也就是我們一般所說的「推箱子遊戲」。

在遊戲裡，玩家推動箱子，當箱子到達合適的位置，就算過關。遊戲產業甚至有個專門的名詞「滑塊解謎」來形容這類藉由挪動某個物體來解謎的遊戲。

玩家對這個機制會比較熟悉，早期的桌上益智玩具《華容道》就使用了滑塊解謎機制。

這種機制最大的意義在於，為日後大量遊戲的解謎內容提供了參考，例如
《薩爾達傳說》系列裡的很多謎題，其解法便是將某個物品放到某個特定地點，
或者是挪動某個遮蔽物讓自己打通前進的道路。

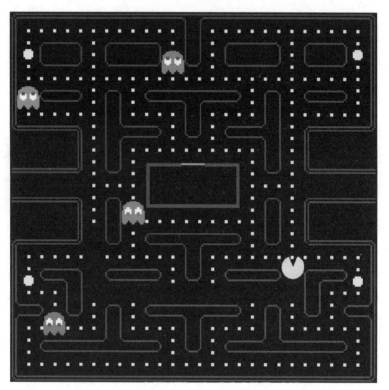

▲ 圖 1-14 《小精靈》創造了遊戲史上的一個奇蹟

和《小精靈》相比，推箱子機制的核心是把合適的東西放到合適的地方，
而不是利用壓縮空間創造緊張和焦慮的氛圍。推箱子的核心機制更像是滿足強
迫症患者的「完美機制」。

無論是空間壓縮還是滑塊解謎，這兩個機制都具有很強的可借鑑性，最早
出現的遊戲都是休閒遊戲，但這類遊戲被日後的大量重度遊戲所借鑑。由此也
能看出很多遊戲機制的共性：**機制不侷限於特定類型的遊戲，只是看策劃需不
需要。**

牆和看不見的牆

因為遊戲公司的經費是有限的，所以遊戲內的空間並不是無限的。所有遊戲玩家都有一個明確的可移動空間，這個空間一定會有明確的邊界，這個邊界就被稱為「牆」。

遊戲內有兩種牆，看得見的牆和看不見的牆。

看得見的牆指的是那些玩家在遊戲內可以看到的遮蔽物。一般情況下就是肉眼可見的牆，和現實裡的牆一樣，但經常被玩家忽視的是山川、海洋、沙漠這些在遊戲裡經常被設置為不可逾越的障礙，這些障礙本質上也都是看得見的牆。而另外一種看不見的牆，指的是那些在美術上沒有做特殊處理、看起來可以經過，但是玩家卻無法到達的地方，彷彿有一面透明的牆一樣遮擋玩家的去路，也就是玩家所說的「隱形牆」。小島秀夫的《死亡擱淺》裡還專門「惡搞」隱形牆，當玩家走到地圖邊界區域的時候，會看到有個類似玻璃螢幕的介面，提示你前面是隱形牆。

電子遊戲產業早期，大部分遊戲在開發時不會太在意牆的問題，所以看不見的牆非常普遍。但是看不見的牆會讓遊戲體驗非常糟糕，玩家明明可以在遊戲裡看到某個地方卻不能走過去。所以最近這些年，所有遊戲都開始刻意避免看不見的牆出現，絕大多數遊戲只使用了前面說的山川、海洋、沙漠等元素進行地形的遮擋。這種做法顯然增強了遊戲的代入感，不會讓玩家突然遇到「鬼打牆」的情況。

使用這些元素有顯著的效果，讓遊戲內部的牆也越來越少。遊戲設計師開始頻繁地使用這類元素代替傳統的牆，尤其是 RPG 的室外空間裡，傳統意義上的牆已經很難看到。比如《暗黑破壞神 3》相較於前兩部，很多不可通過的區域明顯是用地形差、河流或者懸崖實現的，而不是把一面簡簡單單的牆放在地圖上。再比如《薩爾達傳說：曠野之息》的大地圖上幾乎見不到真正意義上的牆體。

遊戲產業正在透過這些方法來增加遊戲的代入感，這些看似小的修修補補對於完善遊戲本身的真實性具有重要作用。

「箱庭理論」與《薩爾達傳說》

《薩爾達傳說》系列在遊戲史上的地位時常被低估，這個系列開創很多改變遊戲史的經典設計。

PlayStation 時代，遊戲機手把上控制方向的是左手位置的上下左右四個鍵，對應的就是傳統 2D 遊戲裡鳥瞰視角下角色前後左右的移動。而進入 3D 遊戲時代以後，這四個按鍵也要負責控制 3D 遊戲裡角色的行動。一般與早期賽車遊戲常見的鍵位設置相同，上鍵控制向前，下鍵控制後退，左右鍵控制左右移動。

雖然在很長時間裡，這種移動方式普遍被接受，但是並不代表沒有問題。比如控制精細度問題，3D 遊戲裡角色可以 360 度旋轉，加上視角的移動方向非常自由，顯然這四個按鍵無法涵蓋這麼複雜的角度。

這時，電腦遊戲領域裡已經有了成熟的解決方案，那就是使用定位精準度極高的滑鼠，而主機上一直沒有太理想的解決方案，甚至當時媒體和遊戲企劃的普遍論調是遊戲主機可能不適合玩這類需要高精細度 360 度旋轉的遊戲。

任天堂的 N64 解決了這個問題，在手把上加入了主機遊戲常見的搖桿，更精準的定位方式讓玩家可以在 3D 遊戲裡自由地操縱自己的角色。但是很快又遇到了問題，那就是因為搖桿過於靈活，玩家在動作遊戲裡經常出現錯誤操作。

《薩爾達傳說：時之笛》具創造性地解決這個問題，在遊戲內加入了「Z 鍵鎖定」功能。按下 Z 鍵以後，玩家可以自由移動，同時視角會一直鎖定在敵人的方向。時至今日，大多數動作遊戲都沿用這個設計。

但《薩爾達傳說》對遊戲產業最為深遠的影響是確定「箱庭理論」。

「箱庭」在日本指的是那些模仿真實場景的微縮景觀，在遊戲產業中代指此類遊戲的設計。從《薩爾達傳說》第一代開始，全世界玩家和遊戲企劃開始接受這個理論，而宮本茂也被認為是箱庭理論的創造者。

一般，箱庭遊戲有三個明顯的特點：

1. **基礎元素的重複使用。**比如《薩爾達傳說》裡道路、牆壁、河流等基礎元素是被反覆使用的。這減少了玩家對事物的學習成本，也降低了遊戲的開發成本。設計上能否節省成本是非常考驗遊戲企劃能力的一點。

2. **鮮明的視覺落差。**在遊戲裡，你每變換一個場景，就會發現美術風格有了巨大的變化，這種視覺落差豐富玩家的遊戲體驗。對於箱庭理論，宮本茂強調最多的一點就是每個人、每個群體都有其獨立而封閉的世界，兩個人的驀然相遇就好比是兩個完全不同箱庭世界的相互碰撞和融合，那種奇妙的感覺絕非可以輕易言傳。這一點在很多遊戲的地圖上就可以看出來，不同區域的顏色都是不同的。

3. **用通路連接不同的關卡。**很多日本老派遊戲人至今還用箱庭代替關卡，所以一些地方關於箱庭理論的描述，著重強調的就是「關卡—通路—關卡」的三段式結構。

▲ 圖 1-15　箱庭理論

　　箱庭理論被日本遊戲公司廣泛使用，也被認為是日本 RPG 可以崛起的重要理論支撐。而早期的使用更多是因為硬體環境和開發能力有限，需要利用有限的資源表現盡可能多的遊戲內容。隨著遊戲設備越來越先進，開發工具越來越強大，市面上傳統意義的箱庭遊戲也就越來越少。同時，一些日本公司開始把這種設計思想應用到其他遊戲裡，依然取得了相當不錯的效果，比如《薩爾達傳說：曠野之息》和《超級瑪利歐：奧德賽》都採用非常典型的箱庭設計，箱庭理論在開放世界遊戲和動作類遊戲裡都應用得很完美。

箱庭理論的使用也讓日本遊戲有了非常鮮明的特點，比如關卡的概念明確清晰、多數是線性敘事結構。而早期沒有應用箱庭理論的美系 RPG，則明顯缺乏線性敘事結構。

除此以外，還有一些在日本 RPG 裡被廣泛使用，但是沒有歸納到箱庭理論的機制。比如放射性的遊戲地圖和任務結構，很多日系 RPG 貫徹中央村落的概念，玩家從村落到任務點 A，然後回到村落再到任務點 B。如果看遊戲地圖就會發現，整個地圖呈現從中央村落向四周放射佈局的形態。這是一種很容易讓玩家產生代入感的設計，玩家會預設中央村落就是自己的家。

再比如《薩爾達傳說》系列早期一直使用典型的「鎖—鑰匙—鎖」三段式結構，玩家會遇到鎖，然後尋找鑰匙開鎖，打開以後又會發現新的鎖。之後，這種三段式結構有了明顯的改善，變成一個四段式結構：**遇到障礙物—獲取道具和技能—通過障礙物—拓展更大的地圖。**

這和之前的三段式結構最大的區別在於，傳統意義上的鑰匙變成了道具或者技能這類抽象的鑰匙，玩家解鎖後最主要的目的是進入更大的地圖環境，而不是再遇到下一個鎖，雖然早晚還是要遇到。

《薩爾達傳說：曠野之息》依然遵循這個流程。遊戲開始，玩家在初始台地發現下不去，這就暗示玩家必須在這裡找到下去的方式；玩家進入寒冷區域以後會掉血，就要找到抵禦寒冷的辦法，玩家首先會看到有「暖暖草果」可以抵禦寒冷，但是有時間限制，之後會發現有更好的衣服可以抗寒；繼續遊戲，會發現被各種山脈所阻擋，那麼就需要玩家爬山。而開始時玩家的體力是不足的，想要獲取更多的體力，就必須通過更多的神廟。這裡，暖暖草果、抗寒的衣服和玩家的體力本質上都屬於那個鑰匙。

在開放世界裡，箱庭和四段式的開鎖設計也可以用來做任務引導。

《薩爾達傳說：曠野之息》最被玩家津津樂道的話題是第一個神獸。遊戲內有四個神獸可以打，而作為開放世界遊戲，玩家完全可以隨意走到任何一個神獸的區域，但絕大多數玩家會先打水神獸。原因是玩家如果往正北方向走，在盾反技能練好前很容易死，而往南走有雪山和沙漠，前期玩家沒有夠好的衣

服抵禦寒冷和高溫。在嘗試中，絕大多數玩家會往東北方向，進而走到了水神獸所在之處。在這個過程中，遊戲沒有任何明確的說明指出必須往哪裡走。遊戲裡的平原、沙漠、雪山都是不同的箱庭，而玩家的盾反技術、抵禦寒冷和高溫的衣服就是鑰匙。

這也是為什麼《薩爾達傳說：曠野之息》幾乎被全世界的遊戲企劃推上了神壇。《薩爾達傳說：曠野之息》做為薩爾達系列的第一款開放世界遊戲，融合傳統箱庭理論的優勢，解決多數開放世界遊戲會遇到的主線敘事和任務流程問題。

時至今日，我們依然可以看到很多日本公司不自覺地使用箱庭理論，甚至還做得非常好。比如 2019 年宮崎英高的《隻狼》，雖然該遊戲是一款 3D 動作遊戲，但實際上地圖也是標準的箱庭，玩家的每個任務區域都是被精妙劃分的。

除此以外，一些玩家很熟悉但不是 RPG 的遊戲也在頻繁使用箱庭理論。比如《惡靈古堡》前三部都是非常典型的採用箱庭理論的例子，尤其是第二部的警察局就是一個完美的箱庭；再比如《惡魔城》系列的關卡在本質上也是典型的箱庭。

或許是因為箱庭被如此廣泛地使用，所以人們認為它是日本遊戲產業的靈魂機制，是日本遊戲在一個時代成功的最主要因素。

開放世界遊戲

很多遊戲玩家和媒體經常把開放世界和箱庭理論對立，但這其實並不是兩個對立的概念，前面已經提到兩者可以融合。而這一節我們就要討論一下，開放世界遊戲那些複雜的機制帶來的衍生問題。

近幾年，開放世界遊戲竄紅，最主要的原因是開放世界提供現實世界生活的代入感，這是傳統線性遊戲很難為玩家創造的。傳統線性遊戲主要的樂趣是敘事，而開放世界遊戲主要的樂趣，是讓玩家感覺到自己成為世界的一分子。

這種差異說起來簡單，甚至部分玩家玩起來也覺得差距不大，但從設計角度來說是截然不同的。

後文會提到，電子遊戲的本質是創造選擇，而線性遊戲的問題是在遊戲的核心走向上選擇過少。一些遊戲會為了盡可能多地增加選擇，會加入大量支線和不同結局，但這本質上還是相對侷限的選擇，而開放世界打破這種選擇上的限制。

從這一點來說，開放世界像現實世界也是因為選擇的餘地過多，所以理論上開放世界遊戲也會繼承現實世界裡那些比較糟糕的狀況。

東京是一個讓我非常崩潰的城市，它的地鐵線路非常複雜，必須依賴各種詳細的指示牌甚至地圖才能搞清楚。我曾經和日本幾家遊戲公司的朋友吃飯，之後我們一同在新宿站裡迷了路，好不容易找到地方以後，其中一人吐槽：「這不就是按照迷宮設計的地鐵站嘛！」說這話的人就是在某家遊戲公司做關卡策劃工作的。

開放世界也會面臨這種問題，當玩家有過多的選擇時，很容易不知所措。

傳統非開放遊戲的整體設計更像是一個遊樂場，玩家在遵循一套細緻的動線設計，按照遊樂場工作人員的安排和道路規劃從一個點走到另外一個點。往往在越好的遊樂場中，玩家越不用動腦，順著道路就可以一個一個遊樂設施玩下去。或者更為直接的例子是，上學時的我們就像是在非開放世界遊戲，而進入社會後，就開始了一場開放世界遊戲。

在《薩爾達傳說》第一代裡，玩家一開始是在一個空曠環境的正中間，有三條岔路可以走，但是大部分玩家會做一個一模一樣的舉動。因為這個場景裡還有一個洞穴，進去以後可以獲得之後通關用的重要道具——一把劍，所以玩家大多會到洞穴裡取劍。這個非常突兀且明顯可以進去的空間，也是在暗示玩家這裡是應該前往的地方。

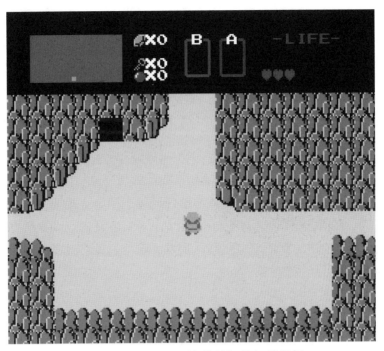

▲ 圖 1-16 《薩爾達傳說》的初始場景

早期遊戲有一個很簡單的空間引導方式，比如在一個岔路口，寬闊的大路一定是正確的道路，狹窄的道路裡可能有支線任務或者寶箱。類似地，當有一條寬闊筆直的道路，中間沒有任何敵人也沒有任何寶物，而前面出現了一扇門，這基本就暗示了即將開始一場宏大的 Boss 戰。這對於線性的遊戲來說是非常出色的設計，但是在開放世界遊戲裡就不容易實現了。

之後，在電子遊戲發展的進程中，還有過很多更為直接的方法被應用於開放世界遊戲裡，比如直接給出地圖或者使用像現實中的導航資訊，這也是多數遊戲所採用的方法。

在之後的十幾年時間裡，全世界的遊戲開發者都在討論到底開放世界該如何做引導。基本上有兩種引導類型，一是使用地圖，把每個目的地都清晰地標註在地圖上給玩家，就像用手機導航一樣，玩家順著標準的位置去就好了。但是這種引導設計本質上並不理想，因為相當於是把開放世界遊戲做回線性遊戲。

另一種是透過多個小任務,一步一步引導玩家到目的地。這種方式的代入感會更強一些,但也面臨本質上並不夠開放的問題。所以,其實現在大部分的開放世界遊戲在一定程度上結合了兩者。

前文提出過《薩爾達傳說:曠野之息》裡的箱庭和鑰匙機制實質上就是一種開放世界的被動引導方式,玩家在大量的嘗試裡選取了正確的目的地。但遊戲本身還提供了另外一種更加簡單直接的引導方式。

《薩爾達傳說:曠野之息》裡,獲取後續地圖需要主角林克爬上每一座塔,所有的任務線索都距離塔不遠。遊戲沒有任何明確標誌告訴玩家塔在哪裡,但玩家很清楚,因為塔很高,玩家一抬頭就可以看到。這是一種非常自然且直接的引導方式:我看得見目的地。之所以是塔,而不是其它建築物,就是因為塔會成為一個肉眼可見的標的物。

這些機制的設計也被其它公司學習。

雖然《隻狼》並不算是開放世界遊戲,但也使用相同的機制,玩家在各個角落都能看到高大的天守閣,這就暗示玩家需要前往這裡。

▲ 圖 1-17 《隻狼》裡的場景高低落差非常明顯,
作用就是從視覺上說明玩家找到之後的路線

我們在現實世界裡也在用類似的方法尋找目的地，比如和朋友約了在台北101吃飯，如果你不確定具體走哪條路可以到，一般也不用看路牌，最好的選擇是直接抬頭找到101這棟樓，然後往那個方向走。

《薩爾達傳說：曠野之息》的開發者在遊戲開發花絮裡詳細闡述過遊戲的設計流程。

任天堂內部把這種確定目標的方式稱為「引力」。在遊戲地圖上，任何物體都有這種吸引你前往的動力，比如地圖上最大的引力是城堡和高山，因為它們實在過於巨大，在地圖的大部分地方可以直接看到，其次就是塔。而到夜裡，整個地圖的引力又會變得不一樣，在黑暗環境下，城堡和山都變得不是特別明顯，這時候最引人注意的就是發光的物體——塔，然後是馬廄和點了篝火的敵人。無論白天黑夜，塔都是玩家會注意到的目標，晚上因為天黑，馬廄的燈光能給玩家帶來安全感；如果只順著篝火的亮光走又可能遇到敵人，增加了緊迫感。

但如果只是單純直接引導玩家到目的地，又可能讓玩家產生兩點一線的疲勞感。所以開發團隊又創造了一個「三角」設計原則，遊戲裡有像山坡之類大量被設計成三角形外觀的物體，這些物體的作用就是遮擋。比如小三角形是為了遮擋玩家的視線，玩家雖然可以看見目的地，但也不是一直可以看到，需要不時調整位置；中型的三角是為了遮擋玩家的路線，讓玩家不能一條線直接跑到目的地，時常會出現各種小山成為阻擋。也就是說，遊戲地圖裡的所有障礙物都是經過嚴密設計的，並不是想都沒想的決策。

同時，因為《薩爾達傳說：曠野之息》是任天堂第一款大型的開放世界遊戲，從設計經驗上來說也有很多的不足，所以開發團隊想到了一個辦法最簡單，就是和現實世界做對照，來測試路線。因為開發團隊在日本京都，所以很多路線的測試是在京都進行的，有的玩家甚至能在京都找到遊戲裡對應的場所。比如測試後發現，全家便利商店在京都的密度是比較人性化的，於是開發團隊就將其做為遊戲內神廟的密度參考樣本。

除此以外，還有一些小細節非常值得學習。

比如《薩爾達傳說：曠野之息》雖然沒有大部分開放世界遊戲的畫風寫實，遊戲裡很多場景卻比大部分遊戲更具真實感，比如火的應用。遊戲裡的火可以點燃草，甚至火在草上還會蔓延；火可以融化冰，可以在寒冷的地方用來取暖；可以發光照亮黑暗的四周；可以烤熟食物，也可以點燃箭頭攻擊敵人，還可以創造上升的熱氣流。

《薩爾達傳說》系列對目的地有一個探測機制，越接近目的地，音效越大或者頻率越高，這種探測機制更適合創造驚喜。《薩爾達傳說：曠野之息》裡就用這種方式來發現神廟，這個機制最聰明的地方是使用聲音作為提示，多數遊戲會直接在地圖上標記一個明確的地點，這麼做雖然更加明顯，但也少了很多的樂趣。而聲音並不完全適合指引方向，更何況只是音效的頻率，還不是語音導航，這就為遊戲增加了樂趣，可以讓玩家在一定區域內探索。玩過《薩爾達傳說：曠野之息》的讀者肯定有體會，很多神廟隱藏在非常奇怪的地方，或者需要用特別有趣的機制開啟，這些都是在遊戲設計時加入的小心思。

在《薩爾達傳說：曠野之息》以後，很多遊戲也開始嘗試其它另類的引導方式。

《對馬戰鬼》裡出現過一種非常有意思的引導方式，也是沒使用任何標誌物，只是利用遊戲裡的「風」。玩家不知道去哪兒的時候，順著風就可以找到目的地。風會帶你去終點，這不僅是一個非常有詩意的設計，也是這款遊戲成功的嘗試之一。在不破壞玩家體驗的情況下，為玩家指引了遊戲中的方向。事實上，這種指引方式是最傳統 RPG 指引的變種。傳統 RPG 的指引方式是玩家去跟 NPC 聊天，NPC 告訴玩家接下來需要去哪裡。這些都是在不打破沉浸感的情況下，讓玩家不迷路的方法。

▲ 圖 1-18　《對馬戰鬼》裡順著風就可以找到目的地

除此以外，還有另外一種更常見並且更有代入感的方式，就是替玩家找個夥伴。很多遊戲會透過加入他人的方式來引導玩家，比如《刺客教條 2》裡，主角的哥哥會引導玩家；《戰神》裡，主角的兒子永遠站在之後要走的路線上。這類遊戲裡，這個存在於玩家身邊的 NPC 就是最重要的引導機制。這裡講句題外話，主線 NPC 的存在一般都要有明確的意義，否則很容易變成「雞肋」。

任意門和空間破壞

《哆啦 A 夢》裡的任意門是一種典型的空間破壞道具，這種機制之所以特殊有兩個原因：一是它能夠快速地往返於兩點之間，打破原有的相對空間關係；二是這是現實世界中人類體會不到的，至少在本書出版的時候還無法體會到。

這種空間破壞道具可以為我們帶來足夠多的想像空間。

在傳統電子遊戲裡，有大量的空間破壞元素存在，比如傳統 RPG 裡，不同地圖之間的連接方式就是傳送門。玩家並沒有真正體會到兩個地圖之間的具體距離，而是在一個地圖的邊界，「咻」地一下就到了另外一個地圖，文字可能會提示玩家走了很久，但玩家本身無法切身體會到。

這其實就是傳統戲劇創作的手法，沒有必要為玩家呈現舞臺以外的資訊，所以這些內容都被省略了。從代入感來說，這不能算是非常好的體驗，但是相較讓玩家體驗大量無用且乏味的過程來說，這種形式是很必要的。

哪怕進入開放世界，玩家可以真實地體驗完成的過程，大多數遊戲還是加入了傳送點，讓玩家可以瞬間到達自己想去的地方，就是為了防止玩家在地圖上無意義地移動帶來負面反饋。

這是一個關於遊戲和現實的典型邊界問題，**好的遊戲應該讓玩家盡可能體會到遊戲的樂趣，而不應該為了過度強調真實性，帶入現實世界中那些糟糕的體驗。**

空間破壞本身就可以成為一種遊戲玩法，比如《傳送門》。

雖然是一款 3D 遊戲，但《傳送門》一直堅持小團隊開發，從 2005 年開始到 2007 年完成，團隊人數從來沒有超過十人。為了節省成本，《傳送門》裡大量使用了《戰慄時空 2：二部曲》的遊戲素材。2007 年 10 月，遊戲合集《橘盒》上市，《傳送門》做為《戰慄時空 2：二部曲》的贈品收錄於其中，但萬萬沒想到這款遊戲橫掃了當年全世界的遊戲獎項。

這款遊戲之所以引人注意就是因為加入了空間傳送機制，玩家可以用槍在牆上開兩個洞，在這兩個洞之間傳送物體。該遊戲透過這種特殊的機制加入大量解謎內容。

▲ 圖 1-19 《傳送門》裡隨意開門的功能為玩家提供極大的想像空間

《傳送門》的續作《傳送門 2》在空間機制上做了更多的嘗試，尤其是加入凝膠的設計。橘色的凝膠能讓玩家加速；藍色的凝膠可以讓玩家跳起；灰白色的凝膠讓原本無法放傳送門的地方變成可以放置；此外還有清洗凝膠的水。

空間破壞機制還有一種實現方法就是利用玩家的視覺錯覺，例如《無限迴廊》裡，玩家需要調整迷宮的位置，利用視覺差創造出不可能的通路。

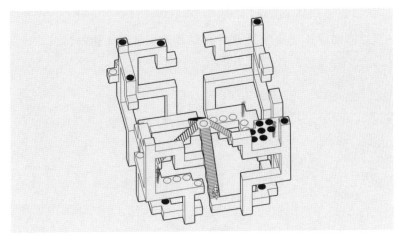

▲ 圖 1-20　《無限迴廊》提供利用視覺差尋找線索的一個新思路

日後，手機遊戲裡出現過一款更加廣為人知的遊戲《紀念碑谷》，它也使用了同樣的遊戲機制。比《無限迴廊》更加出色的是，《紀念碑谷》加入了故事劇情，同時提升美術風格。

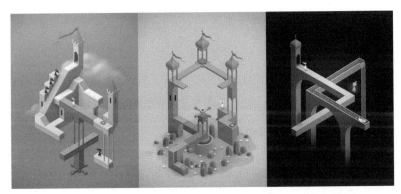

▲ 圖 1-21　《紀念碑谷》在遊戲難度上比不過《無限迴廊》，
但是在美術上成為現代電子遊戲的教科書，遊戲的「賣相」也是很重要的

另外一款知名的獨立遊戲 FEZ 也延續相似視覺差的設計思路，只不過方式改成了在二維世界裡想像三維空間。當玩家在二維世界裡無法找到目的地時，可以嘗試在三維世界裡換個角度看世界。

　　既然空間機制存在，那麼相對應的空間破壞機制也存在，並且也可以給玩家提供新鮮的遊戲體驗。無論在獨立遊戲還是 3A 大作裡都可以找到合適的應用場景。

　　這些複雜的物理和空間機制提高了 FEZ 的可玩性，也為日後很多類似的遊戲提供可以借鑑的內容。

2 時間

回合制、半回合制、即時制

時間是空間外最重要的基礎遊戲機制。

遊戲內的時間和現實時間是不同步的，這點大部分玩家可以想到，這種不同步對遊戲玩法最主要的影響表現在戰鬥環節裡。回合制、半回合制、即時制和半即時制都是不同的時間表現方式。

回合制是最早在 RPG 裡打破現實時間概念的遊戲機制，你一拳我一腳輪流進攻對方的模式只能在遊戲裡看到，現實世界裡我們是無緣見到這麼愚蠢的戰鬥流程的。從桌遊開始，早期大部分的 RPG 採用回合制的方式，當然這麼設計的主要原因還是因為條件限制，當時的硬體條件不足以支撐其它的遊戲方式。

最早的回合制遊戲是 1981 年的《巫術》（Wizardry）。

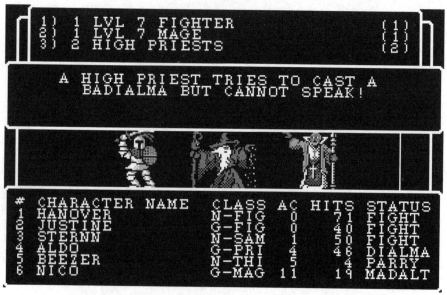

▲ 圖 2-1 《巫術》是日後回合制遊戲的雛形

1984 年，《夢幻的心臟》成為回合制 JRPG 的開山之作。而真正意義上把回合制遊戲發揚光大的是 1986 年 ENIX 的《勇者鬥惡龍》（Dragon Quest）。

日後，回合制遊戲成為遊戲市場上主流的類型之一。

從遊戲本身來說，回合制遊戲很容易產生過度公平和過度不公平的雙重問題。過度公平是指遊戲的戰鬥結果很容易計算，因為你打一下，我打一下，如果數值一定，那麼立刻就可以估算出結果來，解決這個問題的辦法就是加入命中率和暴擊率等隨機數值；而過度不公平是指回合制遊戲一定有先攻優勢，解決這個問題的辦法是增加行動點數、敏捷度之類的數值，讓玩家可以爭取自己的先攻順序。

在早期電子遊戲市場，回合制遊戲的地位要高於即時戰鬥遊戲，主要原因是在複雜的數值設計下，回合制遊戲能夠達到一定的策略深度，所以那個時代RPG 的受眾中有一批更喜歡策略遊戲的核心玩家。

時至今日，製作傳統回合制 RPG 的公司已經越來越少。核心原因就是回合制遊戲的代入感差，而且遊戲過程中的冗餘時間過多，比如一次次更換戰鬥場景所花費的讀取時間和在戰鬥過程裡的思考時間。除非是核心玩家，否則這些都是相對糟糕的遊戲體驗。

於是漸漸地，RPG 的核心玩家從策略玩家開始轉變為動作玩家。

回合制遊戲的問題在很短的時間裡就獲得了一次調整。

《Final Fantasy》開啟名為 ATB（Active Time Battle，即時戰鬥，一種遊戲戰鬥模式）系統的半回合制系統。之後還開創兩個變種系統，CTB（Count Time Battle，回合計時制，計時戰鬥制）戰鬥系統和 ADB（Active Dimension Battle，動態次元戰鬥，即時多維戰鬥制）戰鬥系統，分別對應《Final Fantasy 10》和《Final Fantasy 12》。簡而言之，都是給回合制遊戲加入即時戰鬥的成分，玩家需要在戰鬥過程中選擇合適的時機釋放技能。

這些改變盡可能為回合制遊戲加入更多的策略成分和緊張感。

然而這些調整還是無法達到即時類 RPG 所能達到的代入感和沉浸感，其中最為典型的即時類 RPG 就是玩家比較熟悉的 ARPG（Action Role-Playing Game，動作角色扮演遊戲）。

ARPG 的歷史並不短，早在 1984 年南夢宮的《迷宮塔》就使用了在大地圖上直接進行戰鬥的即時戰鬥機制。玩家需要控制角色從迷宮塔的第一層開始尋找鑰匙，以進入下一層，在這個過程中會遇到各種各樣的敵人和道具。之後幾年的時間裡，遊戲產業出現不少類似機制的遊戲，都以解謎為核心玩法，包括《迷城國度》《夢幻仙境》等那個時代的知名遊戲。雖然有些銷量不錯，但和當時的回合制 RPG 比，整體口碑相對一般。主要的原因就是前文提到的，遊戲運行平台的硬體性能方面的限制。那時的即時戰鬥機制，看起來就是一個人拿著武器直接衝向敵人，根本談不上戰鬥，更像是自殺式襲擊，毫無策略深度可言。

一直到 1986 年的《薩爾達傳說》確定了 ARPG 的主要玩法，才真正表現出 ARPG 裡的動作設計。揮劍、盾牌格擋，還有飛鏢、炸彈和弓箭等道具，這些設計讓當時的遊戲玩家第一次體會到了即時戰鬥的快感。

但《薩爾達傳說》在很多遊戲玩家圈子裡並沒有被分類到 ARPG 裡，而被認為是一款冒險遊戲，主要的原因是《薩爾達傳說》沒有經驗值的設計。當時人們普遍認為 ARPG 的核心就是以經驗值為主的成長體系。當然我並不認同，無論如何，從遊戲機制上來說，《薩爾達傳說》確實為之後的 ARPG 提供大量可借鑑的選擇。

到了《暗黑破壞神》時代，ARPG 的核心玩法已經基本定型，也就是現在玩家最為熟悉的那些機制的組合。玩家在地圖上直接進行戰鬥，可以使用道具和技能，有等級和經驗機制存在，也有一條完整的敘事線。

現今的整個遊戲市場越來越強調 3D 的畫面效果，強調開放世界，回合制的戰鬥已經越來越少出現，能看到的主要在《Final Fantasy》、《勇者鬥惡龍》這種日系遊戲的「長青樹」、《神諭：原罪》這種 CRPG 的復興代表和《歧路旅人》這種 JRPG 的懷舊大作裡。關於 CRPG 和 JRPG 的關係會在後文提到，這裡就不細說了。

遊戲產業還有另一種類似的區分遊戲類型的方式，值得特別提及一下，即對稱性遊戲和非對稱性遊戲。**對稱性遊戲指的是遊戲參與者即時獲取同步資訊的遊戲**，例如乒乓球，雙方能夠同時看到球，並且做出反應，也就是所謂的即

時制遊戲。需要注意的是，其實大部分回合制遊戲也是對稱性遊戲，因為對方操作時玩家可以第一時間看到。**非對稱性遊戲就是玩家之間存在資訊差的遊戲**，例如《龍與地下城》，在遊戲裡只有地下城城主知道所有人發生的事情，而玩家之間存在資訊差。類似的還有「殺人遊戲」或者「狼人殺」，玩家並不知道其他玩家具體發生了什麼。兩種方式各有優劣，只要應用好都能產生極大的樂趣。有時我們也會把這兩種類型的遊戲稱為完全訊息遊戲和不完全訊息遊戲。

存檔和讀檔

存檔和讀檔雖然是遊戲的功能，但同樣也是一種時間機制。

其他藝術作品裡，比如電影和小說，作品內部的時間是隨意跳躍的，不會有一部作品詳細描述兩個比較長的時間段裡面的全部內容。如果電影鉅細靡遺地交代細節，觀眾肯定沒辦法接受，而遊戲經常會有詳細的描寫。比如《仙劍奇俠傳》裡，李逍遙出發去山神廟找酒劍仙，如果是其他作品肯定就一筆帶過，而在遊戲裡要走過整個十里坡，甚至十里坡就可以玩很久很久……

這就是遊戲很容易產生代入感的原因，玩家不僅可以操作一個角色，還可以和角色有相似的時間感。但是遊戲又是一個很容易打破時間感的產品，比如遊戲裡的存檔和讀檔功能就完全破壞了時間線。

存檔和讀檔是絕大多數 RPG 的必備功能，因為只要是遊戲就需要有挑戰，有挑戰就有難度，就有可能失敗，所以需要藉由存檔和讀檔功能為玩家提供一定的容錯空間。早期的電子遊戲因為卡帶沒有儲存功能，所以沒有辦法讓玩家儲存進度，但玩家又不可能每次都從頭開始，於是就有了一個現在看來很奇怪的設計：每一關結束後玩家會得到一個密碼，輸入密碼就可以直接到達目標關卡。記錄密碼幾乎是早期紅白機玩家的必修課，甚至很多華人玩家就是靠著記錄密碼學會日語的五十音。

當時的 RPG 需要記錄的密碼非常多，因為玩家的角色經驗等級、遊戲進度、物品欄、出生點等都需要轉化成代碼。到了《勇者鬥惡龍 2》時，密碼的複雜程度已經到了令人髮指的地步，玩家每次記錄進度要抄 52 個平假名。由於特殊

的密碼機制，當時的日本玩家也在研究密碼的組成，互相分享密碼成為當時遊戲玩家的主要社交動力。於是就有人發現在遊戲一開始就有 48 級的無敵開局密碼，就是下面這個，讀者體會一下當時遊戲玩家究竟要記錄什麼。

ゆうて いみや おうきむ

こうほ りいゆう じとり

やまあ きらぺ ぺぺぺぺ

ぺぺぺ ぺぺぺ ぺぺぺぺ

ぺぺぺ ぺぺぺ ぺぺぺぺ ぺぺ

有個題外話，本書會經常強調《薩爾達傳說》這個系列遊戲有多優秀，這裡要再提一次，《薩爾達傳說》也是電子遊戲史上第一款使用存檔和讀檔功能的 RPG。

常見的遊戲存檔有兩種類型：一種是可以隨時存檔，玩家在任何情況下都可以儲存當前的進度，也可以讀取進度；另一種是在特定環境下才可以儲存進度，最常見的就是存檔點的設計，玩家需要走到一個固定的場所，或者某個道具前才可以存檔。早期之所以這麼設計也是因為系統效能問題，隨時儲存需要的資訊較多，在固定的地方儲存則只需要記錄當前資訊。至今還有遊戲使用這種儲存方法，但現在主要是為了增強遊戲的緊張感，玩家必須保證活著前往下一個存檔點，否則之前的努力就白費了。

隨著遊戲技能的提升，遊戲存檔和讀檔的表現方式也越來越豐富。最明顯的一點是，大部分遊戲會削弱存檔的存在感，越來越多的遊戲使用自動存檔機制，玩家可以隨時結束遊戲。這也是一種提升遊戲代入感的方式，畢竟玩遊戲時我們不會到一個地方以後，第一時間去找存檔點。

自動存檔有它的優勢，比如省心省力。但是也存在隱憂，自動存檔有可能會讓玩家喪失回溯的餘地。所以自動存檔必須要對應合適的遊戲機制，當遊戲本身需要玩家做長距離回退時，自動存檔可能就會呈現相反的效果。

我在前面提過存檔和讀檔功能本身也是一種機制，相信所有玩過 RPG 的玩家都會對所謂的「Ｓ／Ｌ大法」有印象，也就是「存檔／讀檔大法」（台灣亦戲稱為「謝夫羅德大法」）。之所以說存檔和讀檔是一種機制，是因為玩家可以透過頻繁存檔和讀檔嘗試遊戲內容，來戰勝敵人和過關。在允許使用「Ｓ／Ｌ大法」的遊戲裡，大部分策劃會先預期玩家可能會使用這種方法，也就是在設計遊戲核心玩法的時候，就已經將存檔和讀檔功能考慮在內了。

子彈時間

槍在電子遊戲裡幾乎是最為常見的武器，替遊戲帶來了很多樂趣，但做為遊戲武器，槍本身有很多缺點，最大的缺點就是它的殺傷力實在太強了。不知道讀者有沒有在現實世界裡打過靶，如果嘗試過應該可以發現，真實槍械的手感和遊戲裡是截然不同的。真實的槍後座力極強，威力也更加可怕。現實世界裡，人類如果中彈就極可能會喪失作戰能力。

電子遊戲裡的槍如果也這麼設計，那麼體驗會相當糟糕，尤其是對於技術不行的玩家來說，所以在電子遊戲裡做了很多改良。比如削弱子彈造成的傷害，讓玩家在對戰過程裡可以承受更多的傷害，當然還保留了一些有利於高水準玩家的優勢，比如可以直接一槍爆頭。但即便如此，還是有問題，最大的問題是子彈速度太快了，玩家並不清楚開槍之後到底發生了什麼，所以就有子彈時間（Bullet Time）。

子彈時間是一種用電腦輔助的攝影技術模擬變速特效。它的特點是將子彈的發射過程變慢，放慢到可以看到子彈擦身而過，甚至完全停滯。但與此同時，空間不受限制，觀眾或者玩家的視角可以調整。這種空間和時間的不協調感就是子彈時間主要的魅力。

《駭客任務》對影視和遊戲市場的一個重大貢獻，就是提供關於子彈時間最佳的使用範例。《駭客任務》中尼歐躲子彈的鏡頭幾乎成為史上最佳的子彈時間範例，日後也被很多電影人學習。

在電子遊戲裡，對子彈時間的應用最有名的是《麥斯·潘恩 2》（Max Payne 2）和《麥斯·潘恩 3》（Max Payne 3）。與《駭客任務》不同的地方在於，《麥斯·潘恩》系列的子彈時間主要應用在攻擊對手上，是為了讓玩家更精準地擊倒對手，同時增強一擊斃命的儀式感。這點和後文提到的 QTE 系統十分相似。

《麥斯·潘恩》系列裡，對子彈時間使用得最好的是《麥斯·潘恩 3》。

《麥斯·潘恩 3》創造性地在多人遊戲裡也加入了子彈時間的功能，只要是使用子彈時間的玩家，都會被拉入子彈時間內。當然，這種子彈時間和單機遊戲裡有著根本區別。單機遊戲的子彈時間是相對時間變慢，玩家的時間流逝慢了，但是敵人的時間流逝還是原有速度，所以使用子彈時間的玩家有了優勢。而在《麥斯·潘恩 3》的多人遊戲裡，在使用子彈時間的情況下，所有人都會變慢，這就讓這種相對優勢消失了。唯一的區別就是，後者對於那些反應速度慢的玩家比較友善，同樣還有我前面提到的儀式感。

除了《麥斯·潘恩》以外，還有很多遊戲也使用了子彈時間機制。

《殺戮空間》的多人遊戲內，子彈時間成為一種激勵措施，如果玩家殺掉足夠多的殭屍，就可以進入子彈時間，讓自己和隊友開啟肆意殺戮模式。也就是說，子彈時間在這裡成為一種創造爽快感的工具，間接提高了玩家的作戰水準。

《異塵餘生 3》加入了一個名為 V.A.T.S.（Vault-tec Assisted Targeting System，避難所科技輔助瞄準系統）的功能，可以減緩遊戲時間的流逝速度，輔助玩家瞄準敵人，與此同時還會展示擊中各個部位的命中率給玩家。這個功能大幅度地幫助了那些不常玩 FPS（First-Person Shooting，第一人稱射擊）遊戲的玩家，所以《異塵餘生 4》也延續了這個功能。

不只是射擊遊戲有子彈時間，其他類型的遊戲也有類似的設計，比如《魔兵驚天錄》裡，玩家可以進入比其他人速度更慢的「魔女時間」，這也是一種獎勵和創造爽快感的設計。

簡而言之，子彈時間這種機制存在的最核心要素就是時間的不平等，當作戰雙方在時間上沒有平等的權利，戰鬥力自然也就不同了。

時間敘事和機制

以時間做為核心敘事手法的遊戲有很多，《薩爾達傳說：魔吉拉的面具》的設定是世界要在三天內毀滅，這個三天時間在遊戲的一開始就為玩家創造了緊迫感，有限的時間成為創造緊迫感的工具。同時，時間也可以用作敘事工具。

用時間做為敘事工具的電影有很多，比如《今天暫時停止》裡主角被困在了同一天裡，比如《蘿拉快跑》裡主角只有二十分鐘的時間。電影導演裡把時間概念使用得最順暢、甚至可以說最驚豔的是諾蘭。在《全面啟動》裡，不同層的夢境存在時間差，當角色進入下一層後時間流逝的速度會變慢；在《星際效應》裡，黑洞會讓時間變慢，最終出現了女兒遠遠老於父親的情況；在《天能》裡，時間變得可以逆向流動。

真的把時間概念交代好的遊戲卻並不多，其中的佼佼者是《去月球》。

《去月球》是一款利用 RPG Maker 製作的遊戲。RPG Maker 主要用來模仿製作早期像素風格的 RPG，絕大多數情況下，這個軟體用來做「同人遊戲」。單獨看製作，《去月球》相當粗糙，但是這款遊戲打動了一批玩家，甚至影響力蔓延到了遊戲玩家之外。

▲ 圖 2-2 《去月球》粗糙的遊戲畫面承載了優秀的時間敘事模式

《去月球》的故事是兩位博士收到了一份奇怪的委託，為一位臨終老人 Johnny 完成去月球的心願。兩人透過一種儀器改變了 Johnny 的記憶，讓他誤以為自己年輕時是一位太空人，曾經到過月球。

在這個過程裡出現了大量的伏筆和謎團，一步一步揭示為什麼 Johnny 有這個理想。遊戲的敘事過程完全打亂了時間的關係，大量碎片化的記憶羅列在一起，塑造了一個人的全部回憶。

《奇妙人生》也是一款使用時間做為敘事線索的遊戲，和《去月球》一樣，遊戲並沒有什麼戰鬥內容，更加接近於互動的影視作品。故事核心就是主角要做大量選擇，在過去改變已知的未來，在這個過程裡會產生一系列蝴蝶效應。當然，這款遊戲經常被人討論的並不是這個時間敘事的手法，而是遊戲內的二元對立選擇，要達到某個目的時必須犧牲相對的選項。對於玩家來說，每個選擇都是痛苦的，而遊戲就是在這一系列選擇裡讓玩家產生了沉浸感，因為我們的生活也是由類似這樣一系列迫不得已的選擇組成的。

▲ 圖 2-3 《奇妙人生》裡要面臨大量和時間有關的選擇，而照片是最重要的道具

遊戲史上還有大量動作遊戲也加入了時間元素，比如《波斯王子：時之砂》，這是一款頂級的 3D 動作遊戲，整個故事的推進也是圍繞穿越時間進行的，穿越時間甚至成為遊戲的核心玩法。遊戲裡最重要的道具是時之刃，時之刃透過釋放沙子可以讓王子控制時間，回到之前的某個位置。時之刃還可以減緩時間流速，或者讓敵人石化。這些機制讓《波斯王子：時之砂》成為遊戲史上一個出色的動作解謎遊戲。另外一個把時間做為遊戲機制的知名遊戲是《時空幻境》。在遊戲裡，玩家就像是有時間穿越能力的瑪利歐，透過回溯時間來通過一個一個的關卡。《無限迴廊》裡也使用了類似的機制，玩家必須和其它時間的自己配合過關。

▲ 圖 2-4　《時空幻境》不光遊戲機制有趣，就連遊戲美術都相當出色

　　時間之所以可以成為遊戲機制，最主要的原因有兩點：一是**時間理論上有不可變的前後關係**，這是大多數人對時間的既定印象，如果打破這種關係的話，遊戲本身就擴展了很多想像空間，《波斯王子：時之砂》和《時空幻境》都是這一類；二是**時間的流逝是絕對的，玩家必須要等待**。

　　第一點為很多遊戲提供了有趣的點子，第二點也同樣重要。

《集合啦！動物森友會》系列非常有創造性，或者說非常大膽，這不是說和小動物交朋友這件事，而是遊戲裡的時間和自然時間是一致的。前文提到過，絕大多數電子遊戲的遊戲內時間和自然時間是有差異的，但是《集合啦！動物森友會》系列並沒有遵守這一套傳統的邏輯。在遊戲內也需要像現實裡一樣等待，之所以這麼設計是因為遊戲的核心——養成機制非常出色，開發者不用擔心玩家流失，同時增加遊戲內的強制等待時間，也延長了玩家的整體留存時間，玩家不會兩三天就對遊戲感到厭倦。

　　進入手機遊戲時代以後，也有很多遊戲使用了這種強迫等待機制，比如《部落衝突》，其中建造建築物、建立軍隊等都需要玩家等待一定的時間，從最短的幾秒鐘到數天不等。當然這裡的性質不太相同，手機遊戲強制等待的主要目的是刺激玩家為提高速度而付費，本質上是一種付費機制。這個設計邏輯還得到了一次非常簡單粗暴的昇華。有一種放置類遊戲，也就是俗稱的掛機遊戲，玩家只需要等待就可以獲得提升。顯而易見，這種遊戲的核心玩法就是激勵，只不過獲得提升的方法變成了需花費時間。

　　我們再說一點更有趣的案例。

　　《冤罪殺機2》「石板上的裂縫」一關裡，玩家可以獲得時間儀，然後穿梭於三年前和現在之間推進劇情，而你回到三年前所改變的事情也會表現在當下。

　　在《超級肉肉哥》（Super Meat Boy）裡，玩家死亡以後可以看到自己的過關重播，也可以在成功過關前，看到每一次失敗的重播。包括無數個 Meat Boy 以各種方式死亡，而這些其實都是過去的玩家。

　　獨立遊戲《漫長等待》（The Longing）裡，玩家必須等待四百天才能看到遊戲的結局——是自然時間的四百天，也就是玩家所在現實世界中的四百天。玩家在這期間只能在遊戲裡孤獨地等待，或者看看書。遊戲裡很人性化地提供了格林兄弟的《放鵝的女孩》、尼采的《查拉圖斯特拉如是說》和梅爾維爾的《白鯨記》三本書。

　　在另外一款獨立遊戲 Minit 裡，玩家只有六十秒的生命，玩家需要在六十秒內完成盡可能多的任務，每一次的失敗都是為了下一次可以更快。

▲ 圖 2-5　《漫長等待》裡玩家要孤獨地等待四百天，
還不能修改時間，否則會有錯誤提示

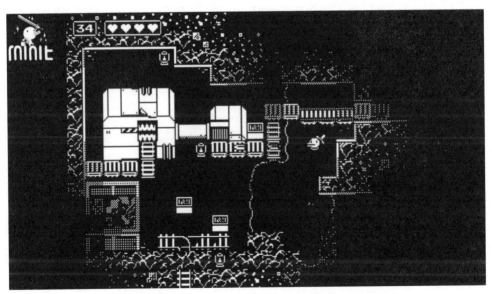

▲ 圖 2-6　Minit 裡玩家只有六十秒的生命

《兩人的童年花園》裡，只有移動的時候時間才會流動，前進則時間向前流逝，後退則時間倒退，時間和空間屬性被綁定了。

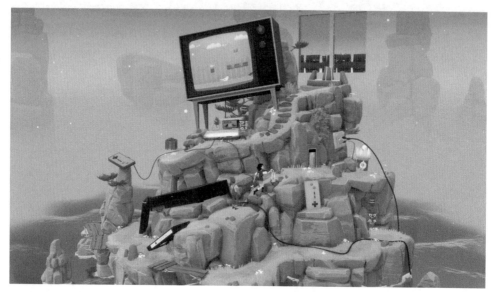

▲ 圖 2-7　《兩人的童年花園》使用了時間的正向和逆向流動作為解謎要點

《泰坦降臨 2》裡，有一關玩家可以隨意穿梭於兩個時間點，在同一個場景裡看到兩個不同的時間點發生的事情，玩家也需要在兩個時間裡配合來完成任務。

這些優秀的時間機制的特點一般都可以歸納為三個要素：

1. 時間是有限的。在有限的時間內盡可能做更多的事情。

2. 時間的流動性可以改變。人類很難想像逆向流動的時間，這就成為解謎要素。

3. 時間是可以跳躍的。玩家可以到過去或者未來的某個時間點。

只要掌握這三個要素，就可以在遊戲裡加入很多有趣的時間機制。

多周目遊戲

詹姆斯‧卡斯的《有限與無限的遊戲》一書裡定義了有限遊戲和無限遊戲：「有限的遊戲，其目的在於贏得勝利；無限的遊戲，卻旨在讓遊戲永遠進行下去。有限的遊戲在邊界內玩，無限的遊戲玩的就是邊界。有限的遊戲具有一個確定的開始和結束，擁有特定的贏家，規則的存在就是為了保證遊戲會結束；無限的遊戲既沒有確定的開始和結束，也沒有贏家，它的目的在於將更多的人帶入遊戲本身中來，從而延續遊戲。」

最早能夠長時間吸引玩家的電子遊戲都是無限遊戲，像《俄羅斯方塊》這種，沒有一個明確的結局，玩家可以持續玩下去。而 RPG 出現以後，面臨的問題就是遊戲時間無法保證，早期在遊戲裡設置大量的迷宮就是為了延長玩家的遊戲時間，而多周目的出現也出於一樣的目的。

所謂多周目遊戲指的是玩家在第一遍遊戲通關（一周目）以後，還可以再玩第二遍（二周目）或者更多遍，但是遊戲內的一些機制或者敵人會有變化。

一般情況下，有兩種常見的多周目設計：一種是服務於劇情的，遊戲有大量的分支劇情可以產生不同的結局，玩家如果要體驗更多的結局就要重複玩，絕大多數的 AVG（Adventure Game，冒險遊戲）都是這一類，甚至可以說這種設計是 AVG 的核心機制；另一種是二周目，這種遊戲加入了新的或者更難的挑戰要素。

電子遊戲裡最知名的多周目遊戲應該是《寶可夢》系列，因為存在大量收集元素，並且製作團隊故意把一周目難度降低，所以《寶可夢》系列甚至有二周目遊戲才開始的說法。這種做法很大程度掩蓋了《寶可夢》系列地圖小和流程短的問題，當然，時至今日粉絲還會覺得這是開發組在偷懶。

《薩爾達傳說》系列也為多周目提供了很好的案例。《薩爾達傳說》系列從《風之律動》開始都會加入大師模式，《薩爾達傳說：時之笛 3D》的二周目裡，製作團隊甚至把遊戲裡的迷宮都重做了，遊戲變得更大更複雜。

遊戲市場上還有一些作品是多周目的，這些遊戲同時滿足我前面提的兩點。

《伊蘇：始源》是多周目遊戲裡設計得相當有創造性的，在《伊蘇：始源》裡使用不同的角色，在同一事件裡會有不同的視角，而在遊戲的第一周目，玩家並沒有辦法體驗到完整的劇情。在遊戲一開始，玩家甚至根本無法解鎖遊戲的真正主角托爾・法克特，玩家需要在三周目才能一覽遊戲的真正故事和結局。《惡靈古堡 2》也採用了類似的設計，在該遊戲中，玩家要分別操作里昂・甘迺迪和克蕾兒・雷德菲爾完成遊戲，才能知道完整的故事。很多日本遊戲沿用了這種設計，比如《女神異聞錄 5》裡也是需要至少兩周目才能知道全部劇情，《Final Fantasy》和《勇者鬥惡龍》系列的部分遊戲也會在二周目加入一些支線解釋主線裡的一些疑問。

當然，多周目遊戲也並不全是優點，甚至缺點非常明顯。前面提到過，多周目本質上就是為了延長遊戲時間而讓玩家做的選擇，這是一種被動選擇，而且是幾乎沒有考慮玩家體驗的選擇，那些在二周目裡加入的敘事和「彩蛋」，本質上也只是從一周目本應該全部講述清楚的內容中選擇一部分放到二周目裡。站在玩家的角度，二周目不可避免地陷入重複乏味的情況中。所以真的從遊戲本身的設計考慮，二周目的核心要素還是給玩家提供更多的挑戰空間，對普通玩家來說一周目就足夠，只有對於少部分玩家來說二周目可以嘗試挑戰，但不是必需的。

隨著大製作 3A 遊戲越來越多，遊戲內容越來越豐富，不再需要多周目延長遊戲時間，傳統意義上的多周目遊戲也逐漸減少。

3 死亡

血量

電子遊戲裡的血量一直是個很另類的設計，因為在現實世界裡我們根本不清楚自己的血量有多少。讀者能看出來自己的生命還剩下多少嗎？沒人看得出來，而在遊戲裡這直接被數位化了。一般遊戲產業的研究者認為，電子遊戲裡血量設計的靈感來源是彈珠台的彈珠限制。在第二次世界大戰後的幾十年時間裡，玩彈珠台一直是美國年輕人的主流娛樂方式，後來的《龍與地下城》等桌面遊戲在設計時不自覺地帶入了彈珠台的設計思路。

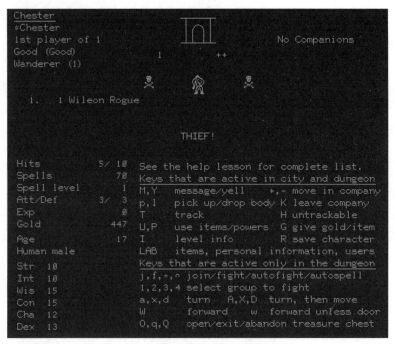

▲ 圖 3-1　在最早的《地下城》遊戲裡，就使用了 Hit 作為生命值

血量在中文語法裡一直有個困境。

在英文語法下，HP（Hit Point，生命值，打擊數）和 Life（生命）、Health（健康）、Vitality（生命力、活力）、Wound（創傷）等一系列單詞都可以用來形容血量，針對不同的情況和不同的遊戲可以使用不同的單詞，而在中文裡血量和生命值幾乎統稱了所有內容。

典型的就是在歐美遊戲和日本遊戲裡，有建築物的遊戲都會用 HP 來稱為血量，因為 Hit Point 本來的意思就是可以挨打的次數，這個詞用來形容建築物是沒有問題的，但是在中文語法裡，用血量或者生命值形容建築物就會顯得十分奇怪。

　　在血量的問題上，遊戲玩家和遊戲開發者可能有截然不同的理解。本質上，遊戲裡的血量或者生命值並不是指玩家可以在遊戲內生存多久，**血量是玩家在遊戲內的容錯率**。血量只是一種表現形式、一個工具而已。

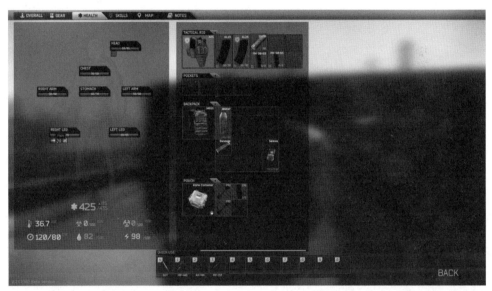

▲ 圖 3-2 《逃離塔科夫》裡的血量細分到了身體的每個部位

　　除了血量以外，一些遊戲裡還設置「藍量」，一般指的是使用魔法等技能需要消耗的數值，大部分電子遊戲遵循了這種紅藍條的二元設計模式。兩者雖然都是控制遊戲節奏的工具，但是本質上有著相反的思路。玩家的血量是保證玩家獲勝的根本條件，而藍量的作用是防止玩家太容易獲勝。這種多元化的數值限制也是一種先進的遊戲設計思路，比如 RPG 和 MOBA 類遊戲中常見的能量以及怒氣都是類似的數值系統，大大地豐富了遊戲玩法的層次感。

　　我們再說回血量。

遊戲裡的血量和生命值一般有四種設計。第一種是多數橫向遊戲會採用的設計，玩家只有一條命，發生任何錯誤都會直接死亡，但為了增加遊戲內的樂趣，也會添加無敵的機制；第二種類似《薩爾達傳說》，遊戲裡沒有明確數值化的生命值，而是用幾個「小愛心」表示，大部分遊戲裡，這種生命值的表示方式是前一種的強化版，提高了容錯率；第三種是絕大多數 RPG 所採用的複雜數值體系的生命值，比如《暗黑破壞神》和《仙劍奇俠傳》裡，都用一個具象的數位表示，這個數位也會隨著玩家的等級提高和裝備升級而增長；第四種是絕大多數射擊遊戲所採用的模糊生命值設計，玩家並不清楚自己到底還剩多少生命值，但是可透過螢幕變紅等表現手法知道自己的生命值不多了。

　　這四種血量的設計顯然有對應的目的，比如《超級瑪利歐兄弟》做為一款比拚反應和操作的動作遊戲，最大的遊戲樂趣就是玩家挑戰極限的操作，所以把玩家的容錯率控制在一個合理的水準是最重要的，而這個合理的水準就要相對低一些。

　　再比如第一人稱射擊遊戲，都在強調遊戲的代入感，如果強制給玩家一個具象的數位量化值，讓玩家知道自己的血量還有多少，就很容易打破這種代入感。所以設計為螢幕變紅，讓玩家意識到自己可能受傷了，既不會破壞代入感，還能暗示玩家自己大概的情況。

▲ 圖 3-3　有清晰的血量標示一直是傳統 RPG 重要特徵之一（《女神異聞錄 5》）

血量會降低，當然也會恢復。

血量的恢復也有一些不同的方式，比如使用藥劑，或者找人治療，當然很多遊戲還有自動回血機制。一些 RPG 在脫離戰鬥後會恢復大量血量，甚至恢復所有血量，這就相當於血量只有在戰鬥時才有參考意義，沒有一個更長週期的作用。其他類型的遊戲裡也有類似的恢復機制，比如前面提到的 FPS 裡大多增加了「呼吸回血」的機制，意思是玩家只要脫離戰鬥就會慢慢回血，甚至是快速回血。這麼設定的主要目的是，保證激戰過程中快感的同時，提供玩家一定的容錯空間。這種機制雖然增強了代入感，卻距離現實世界的情況越來越遠，畢竟在現實世界裡傷口不是呼吸一陣子就能恢復的，但這個設計最早是考慮過真實性的。

《最後一戰》系列創造了第一人稱射擊遊戲自動回血的雛形。《最後一戰》裡有兩層血量設計，分別是護盾和血量，護盾會自動恢復，類似現在的呼吸回血，而血量必須藉助藥劑來恢復。但是之後的遊戲逐漸放棄了這種兩層血量的設計，直接選用了血量自動恢復。

當然，這種不顯示具體血量數值的機制，在高水準玩家看來多少是有些問題的，比如《絕對武力》裡的血量就是一個明確的數值，對於職業選手來說，知道自己在遊戲內的具體健康情況是十分重要的。這是《絕對武力》做為一款電子競技遊戲必須考慮的，**與勝負相關的重要訊息一定要詳細地展現給玩家**。這裡講個題外話，現在市面上有兩種射擊遊戲：一種是鼓勵精準射擊的，像《絕對武力》，玩家很容易「暴斃」；另外一種是玩家很難「死」，對戰幾乎是靠鋪天蓋地橫掃的，比如《全境封鎖》。《鬥陣特攻》一開始對戰體驗不好，就是因為它介於兩種模式之間，玩家不會被「一槍爆頭」，也缺乏機槍橫掃的爽快感。並不是說這種設計是糟糕的，但是確實不符合射擊遊戲玩家核心群體的心理預期。

對血量的標記比較有趣的案例來自《祕境探險》，在遊戲裡掉的其實並不是血，而是你的運氣。玩家在被射擊的時候，下降的其實是躲避子彈的運氣，在運氣掉完以後，就會有一發子彈讓玩家「一擊斃命」。這也印證了我在前面提到的，血量的存在本來就是容錯率的展現。

在某些遊戲裡，血量也會呈現障眼法。

《刺客教條》裡，玩家最後的一點血會比看起來的多很多，當只剩下最後那一點血時會十分難死，這是為了讓玩家有絕處逢生的快感，2016 年的《毀滅戰士》裡也使用了相同的機制。這些機制也有相反的使用，在《特種戰線》裡，玩家扔出手榴彈後，敵人會迅速躲開，但其實還是會被炸到，讓玩家體會到強烈的成就感。

在大多數講遊戲化的書籍裡，作者會講到遊戲化有一個很重要的元素是量化，就是盡可能把周圍的事物用精準的數據表示出來，然後圍繞這個數據設計一些功能。血量就是電子遊戲裡典型的數據化案例，除了前文提到的那些外，血量的形式是一個先天的進度條，不光對於自己，對於敵人來說也是如此。在《英雄聯盟》裡，玩家打男爵的時候要時刻關注男爵的血量，因為只有最後一個擊殺男爵的隊伍才可以獲得「男爵 Buff」，所以在《英雄聯盟》裡很容易透過搶男爵來翻盤，而這時候男爵的血量就是一個重要的進度條。

血量還有很多更複雜的表現，比如《絕地求生》裡，還剩下多少人同樣是一種血量的表現，剩下的人越少，意味著你的生存空間越小。

電子遊戲裡的血量設計是非常有代表性的，**你看到的不是你以為的，本質上血量是控制遊戲節奏的工具**，後文提到的金錢、武器裝備和技能都是如此。設計者透過這些複雜的機制配合讓玩家找到遊戲的樂趣。

死亡和重生

人類只有一條命，但每個人至少都可以「一命通關」，只不過長度有點區別。在電子遊戲裡，玩家「死亡」並不意味著真正意義上的死亡，顯然沒有遊戲開發者希望玩家在遊戲裡「死去」後就再也無法玩這款遊戲了。死亡的本質是玩家在遊戲內的狀態發生了改變，從什麼都可以操作的狀態變成了什麼都不可以操作的狀態。

在遊戲裡，死亡的本質是宣告玩家這次嘗試失敗了。

死亡的設計在電子遊戲裡是十分矛盾的，一方面死亡存在最主要的意義，是為玩家創造活下去的動力，當有死亡這個恐怖的可能性存在時，玩家才會想

在遊戲裡拚命活下去，才能激勵自己持續遊戲；但另外一方面，在電子遊戲裡，死亡本身就是懲罰，去懲罰玩家沒有完美地完成遊戲。

在遊戲設計裡，怕失敗本來就是一種激勵手法，所以好的遊戲就要盡可能控制這個程度，要保證玩家會因為失敗而感到沮喪，但又沒有沮喪到想要放棄遊戲的程度。

絕大多數遊戲裡的死亡設計並沒有問題，真正有問題的其實是死亡背後的內容。

遊戲裡的失敗是有負面反饋的，**死亡並不是糟糕的負面反饋，死亡只是一種表現手法，最糟糕的負面反饋是困惑。**玩家不知道自己是怎麼「死」的，才是最糟糕的。比如《黑暗靈魂》系列以難度高而聞名，玩家在遊戲裡「死」個上百次是正常的，但還有很多玩家樂此不疲，就是因為遊戲裡玩家雖然一直「死亡」，但是每一次玩家都能清清楚楚地看出來自己是怎麼「死」的，這樣在下一次就可以修正自己的操作。糟糕的反饋就是玩家「死」得毫無頭緒，在遊戲裡毫無緣由、無規律地「暴斃」。另外一種糟糕的反饋是憤怒，很多玩家會覺得自己「死」得不值，常見現象是玩家會在一些遊戲敘事上表現得無所謂的地方突然「死亡」，而且是重複性的。

早期電子遊戲裡經常有「新人殺手」的設計，指的是讓新手玩家突然「死亡」的機制設計。那時候之所以這麼設計無非兩個原因：一是為了延長遊戲時間，所以做了很多完全不考慮玩家體驗的設計；二是當時大部分的開發者，根本沒有為玩家創造好的遊戲體驗的想法和知識量。《黑暗靈魂》裡就有很多「新人殺手」的機制，比如敵人經常放冷箭。但這些「新人殺手」並不會「勸退」玩家，一是因為每次死都是有明確原因的，會告訴你是以什麼方式被殺死的；二是在玩家有了足夠的遊戲經驗以後，瞭解到這種死亡是可以避免的，有些陷阱是有規律的，並且都不是立刻觸發，只要操作好就可以規避掉。當然並非所有陷阱都是如此，也會有些突如其來讓玩家意想不到的陷阱。玩家所謂的「宮崎英高的惡意」[1]就是指這些陷阱。但這些內容對於一款本來就是高難度的遊戲來說是可以接受的，甚至多少算是遊戲的特色。

---

[1] 宮崎英高是《黑暗靈魂》系列的遊戲製作人。

如果是一款從頭到尾以難度著稱的遊戲，裡面的高難度設計玩家是可以容忍的，但如果是一款正常的遊戲，突然出現了難度極高的敵人，對玩家來說是不可接受的，哪怕設計得再優秀都是無法接受的。這關係到玩家對遊戲內容的心理預期。比如《隻狼》裡的獅猿和蝴蝶夫人都是相當不錯的 Boss，但是把這兩個 Boss 放到《刺客教條：奧德賽》裡，玩家可能會選擇直接刪除遊戲。做什麼樣的遊戲，要看目標受眾是什麼樣的人群，難度高低要恰當。

說回死亡，在電子遊戲裡，圍繞死亡去做難度設計是相當合理的。

在絕大多數遊戲裡，玩家是靠勝利獲取經驗來提升角色能力的，而我們在現實生活裡卻是靠失敗獲得進步的，所以若死亡控制做得好，能讓玩家在失敗中獲得成長，相對而言是最真實的設計。例如 Roguelike 遊戲的核心思想就是在死亡裡成長，前文提到的《隻狼》和其他魂系遊戲也是相同的設計思路。

死亡的設計重點是對應適合的死亡懲罰。

一般而言，最好的死亡懲罰有兩個條件。一是**有操作空間的死亡，不能讓玩家無可避免地陷入「死亡」**，當然這裡說的不是「劇情上的強制死亡」。典型的例子是很多早期 RPG 會出現的問題，玩家發現絕對不可能打過 Boss，但是之前也沒有給存檔機會，如果死掉就要從很早之前重新開始。之後的一些 RPG 會在 Boss 戰前強制給玩家安排一些雜兵戰，這是為了確認玩家是否有足夠的能力戰勝 Boss，順便還可以幫玩家提升等級。二是**死亡懲罰的損失是可控的**，不會讓玩家因為一次失敗而遭受不可挽回的損失。比如最糟糕的設計，就是死後會丟失重要的東西，《聖火降魔錄》系列裡，你的隊友如果死掉就真的在遊戲裡消失了，再也不會出現[2]；早期《傳奇》裡，和其他玩家 PK 就可能會有裝備被炸掉；在《星戰前夜》（EVE Online）裡，所有的船艦都是消耗品，只要你被襲擊了，船艦也就消失了。最離譜的設計是《殭屍 U》裡，玩家的角色死了就真的死了，並且死後會變成殭屍並繼承之前的裝備，和玩家的新角色對抗。

現在這類設計越來越少，也是因為對於大部分玩家，尤其是新手玩家來說，體驗過於糟糕。

---

② 這裡並不是說《聖火降魔錄》的設計不好，畢竟這也是遊戲的特色之一，但這不代表該機制適合所有遊戲。

死亡的懲罰應針對成本較低的資源，最好是可再生資源，而**死亡上的保護最好針對不可再生資源。**

這種近乎不留情面的死亡懲罰可以應用在一些特殊模式裡，比如《暗黑破壞神3》的專家模式裡，你的角色死了就是真的死了，再也不能復活，所以必須時刻體驗心驚膽戰，彷彿真的是自己在遊戲裡一樣；《神泣》的死亡模式也是如此，死亡模式裡的角色會有更強大的屬性。但是當角色死了，在遊戲裡就是真的死了。當然，這也是《神泣》的一個重要付費點，我們可以透過花錢來買復活道具，讓自己在死亡後的短時間內復活。

暴雪一直是一家非常喜歡在死亡懲罰上做文章的公司。比如《暗黑破壞神》裡，玩家死掉後要去撿掉落的裝備，而且是在沒有任何裝備的情況下，去之前殺死你的敵人面前撿裝備。《尼爾：自動人形》和《黑暗靈魂》裡也有類似的設計，在玩家死後，裝備和道具會掉落，玩家必須到之前死掉的地方重新取回。在《魔獸世界》裡，玩家則要控制靈魂找回肉體。簡而言之，懲罰的對象其實都是玩家的時間，嚴格意義上來說這並不算是非常好的死亡懲罰設計，但好在遊戲本身出色，也就削弱了懲罰帶來的負面反饋。

死亡懲罰也可以是對玩家的精神刺激，比如早期的街機遊戲，如果你死了，就會有很多戰勝你的角色出來嘲諷你，這點也被之後的很多遊戲繼承。在《蝙蝠俠：阿卡漢騎士》裡，你死亡以後敵人會站在你的屍體面前狠狠地羞辱你；在《恐龍危機》裡，玩家要眼睜睜地看著自己被各種恐龍撕咬吃掉；在《魔物獵人》裡，玩家在戰鬥期間死亡會被小貓用推車直接拉走，這也就是玩家俗稱的「貓車」，雖然對外人而言看似可愛，但死掉的玩家會有一種強烈的屈辱感；在《仁王》裡，死去的玩家會留下一個類似墓碑的血刀塚，於是在遊戲裡的某些地方會突然出現大量的墓碑，讓人不寒而慄；在《英雄聯盟》裡，多死幾次可能會被真人隊友瘋狂地「問候」，當然這是不鼓勵的。

很多公司也會在死亡上做一些特殊的創新，比如《異域鎮魂曲》裡真正的死亡本身就是遊戲的最終目的；在《戰地風雲1》的序章裡，玩家死亡以後不會導致遊戲結束，而是會進入另外一個士兵的身體，繼續扮演無情戰場上的一員，玩家可以一直體會戰爭的殘酷，不會影響整體遊戲的節奏感；在《中土世界：魔多之影》裡，玩家的死亡會讓敵人提升等級。

有的遊戲角色的死亡也並不是真正的死亡，比如在《生化奇兵：無限之城》裡，玩家死亡後會看到被小女孩搶救的場面；在《刺客教條》系列裡，死亡就等同失敗，玩家控制的角色並沒有在遊戲裡死亡。

有些遊戲裡的死亡效果也可以做得充滿藝術感，比如《沉默之丘 3》，玩家可以在醫院三樓找到一間有落地鏡子的房間，之後鏡子會湧出血液，等到血水遍地時再逃跑會發現打不開門，玩家只能眼睜睜地看著自己被血水淹死。這種設計如果在一款遊戲裡頻繁地出現是相當糟糕的，過於浪費玩家的時間。如果只出現一次，就是非常強的藝術表達，尤其對於一款恐怖遊戲來說。這不僅不會為玩家帶來挫敗感，還能昇華遊戲的主題。

死亡的設計在遊戲產業裡還有一個很實際的意義，如街機遊戲就是透過死亡設計來盈利的，畢竟死亡以後玩家需要再投一個硬幣。在這裡，死亡懲罰就是錢，所以早期的街機遊戲整體難度非常高。直到電子遊戲進入主機時代後降低難度，也是因為收費模式的改變。

關於死亡還有最後幾句話。

有個說法，人一共會死三次。第一次是你的心臟停止跳動，作為生物的你死了；第二次是在葬禮上，你的社會關係死了；第三次是在世界上最後一個記得你的人死後，你才是真的死了。而對於遊戲的主角來說，真正的死亡就是你不再玩這款遊戲。

勝負條件

遊戲裡，死亡是一種勝負條件上的判斷，但絕大多數遊戲裡對勝負條件的判斷要複雜得多，尤其是在多人遊戲裡，勝負條件的設計決定性地影響了遊戲的可玩性。

比如 MOBA 類遊戲，其實玩家可以在遊戲裡死亡無數次，但是死亡並不代表失敗，基地被拆除才意味著這一局遊戲的失敗。而**遊戲裡的死亡是更容易導致遊戲失敗的眾多原因之一**。

MOBA（多人線上競技）類遊戲的死亡機制都是相似的，玩家死亡以後會在基地中復活，但復活需要時間，而這個時間跟玩家的等級直接相關。死亡時間存在的最主要意義是保證後期有辦法結束比賽，否則遊戲就變得永無止境。這個時間就是可能導致遊戲失敗的原因，絕大多數 MOBA 類遊戲後期的復活時間太長，導致一方被迫以少打多而結束比賽。

《英雄聯盟》和 DotA2 作為兩款最主要的 MOBA 類遊戲，在死亡機制上與其它遊戲有個重要的區別，就是 DotA2 有「買活」功能，意思是玩家死了以後可以花金幣來快速復活。

買活增加了遊戲的策略深度，玩家需要認真思考買活的時間點，這是優勢。但買活的問題也是顯而易見的，遊戲的整體時間被拉長。DotA2 的 TI（The International DotA2Championships，DotA2 國際邀請賽）的平均時長一直維持在四十分鐘左右，而《英雄聯盟》的 S 賽只有三十分鐘左右。早期 DotA2 的比賽經常能達到一個小時以上，TI7 小組賽 iG.V 對 Empire 的第二場比賽甚至超過了兩個小時。原因之一就是遊戲後期玩家不停買活，尤其在有煉金術士存在的隊伍裡，後期經常靠著頻繁買活拖延時間。所以 DotA2 一直在削弱買活機制，比如加入了買活的冷卻時間和更高的金幣消耗。

回到勝負條件的話題，MOBA 類遊戲在勝負條件的確立上非常出色，最出色的一點就是層次感，或者說節奏感。

玩家控制的角色在遊戲裡會死亡，玩家在被拆塔以後，兵線和視野都會往我方基地移動，而這個移動最終會讓基地淪陷。這種層層遞進的關係是非常值得學習的，曾經有很多公司在手機端 MOBA 類遊戲裡做過很多頗具創新的嘗試，讓我印象最深刻的是減少甚至取消了遊戲的外塔。這樣設計的理由是顯而易見的，就是讓玩家可以在更廣闊的區域裡作戰，不會被塔所束縛。但事實上，沒有塔這個明確的目標物以後，前期玩家很容易變得不知所措，遊戲體驗並不好。

MOBA 類遊戲的整個流程可以清晰地劃分為五個階段。

對線 ＞ 殺敵 ＞ 拆塔 ＞ 拆兵營 ＞ 拆基地

遊戲的設計者只需要合理控制每個階段的時間就可以調整遊戲的節奏。比如《英雄聯盟》一直在嘗試縮短玩家的對線時間，因為前期遊戲節奏太慢；而DotA2裡兵營不會復活，就是為了縮短從拆兵營到拆基地之間的時間，也是避免遊戲後期節奏太慢的主要措施。

　　很多遊戲在確立勝負條件時經常會忽視一點，那就是勝負條件一定要明確，同時一定要有層次地遞進。**玩家需要一步步走向失敗或者勝利，而不是突然失敗或者勝利。**

4 金錢

遊戲內的貨幣

和現實社會一樣，遊戲裡也需要一套經濟系統。設計可以正常運作的遊戲內貨幣體系是遊戲產業最大的難題，尤其對於網路遊戲來說，幾乎是決定一款遊戲是否能留住玩家最核心的因素。

遊戲中的經濟系統分為三個重要部分：生產、累積、消費。

其中，生產和累積是最容易出問題的兩個環節，一般情況下可以細分為下圖的內容。

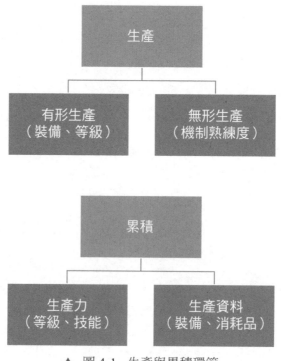

▲ 圖 4-1　生產與累積環節

生產和累積這兩個環節之所以不好控制，是因為很容易出現過量生產引發通貨膨脹的問題，這點在之後講通貨膨脹的地方會專門提到。消費環節相對好控制，因為站在遊戲開發公司的角度，只要設定好金錢的回收系統，結果總不至於太差——當然也有公司連這個最簡單的事情也沒做好。

說回生產和累積，亞洲大部分遊戲玩家和歐美玩家有截然不同的體驗。歐美玩家傾向於認同透過遊戲時間和操作換金錢，而亞洲玩家傾向於認同透過法定貨幣兌換金錢。

首先，遊戲內的儲值功能一定會先天性地「勸退」一部分玩家，**因為玩遊戲是為了逃避現實，而花錢才能變強這件事又太現實了**。但事實上，只要看儲值的亞洲遊戲玩家分布就能發現，大部分亞洲玩家還是不花錢的，花錢的永遠是少部分人，甚至可以說願意在遊戲裡花大錢的，在現實裡本身也都是有錢人，所以對他們來說，在遊戲裡花錢變得強大和在現實世界裡是相同的，而且在遊戲裡要更加簡單，門檻更低。

電子遊戲的儲值行為很容易破壞遊戲本身的平衡性。如果儲值的回報太高，那麼對於不儲值的玩家來說體驗非常糟糕；但如果回報太低，那麼也就沒人想儲值了。所以，在 MMORPG 時代，中國遊戲公司開創了一個獨特的「開箱」思路，為儲值本身增加了偶然性，讓儲值和不儲值的雙方都可接受一點，同時區分了遊戲裡的貨幣，實行了雙軌制的貨幣政策，這個在後文還會提到。簡而言之就是，「重課」玩家可以透過新台幣「開箱」來獲取高等級的裝備，普通玩家則可以透過生產和更多的時間累積資源，兩者獲取方式不會互相干擾。

再說遊戲內的貨幣，也就是大家一般說的遊戲內金幣。

首先我們要知道遊戲裡的金幣是怎麼獲取的，或者說如何生產的，一般而言有三種方式：任務獎勵、擊殺獎勵和交易。在絕大多數的單機遊戲裡，獲得金幣的數量是「擊殺獎勵＞任務獎勵＞交易」。最明顯的一點是，你在遊戲裡賣裝備基本是虧損的。但在絕大多數的網路遊戲裡，獲得金幣的數量是「交易＞擊殺獎勵＞任務獎勵」，情況截然不同。

這個情況之所以會出現，主要是因為單機遊戲並不用過多考慮遊戲整體的生態平衡，也就是我前文提到的通貨膨脹問題，所以只要精細計算好玩家在每個階段具體需要的金錢數量就足夠了。而網路遊戲要考慮通貨膨脹問題，就必須把在主線流程、或者說在容易的流程中獲得的金錢獎勵盡可能地壓低。這有點像現實世界，但凡容易的事情一定不會太容易賺錢。

換句話說，單機遊戲裡的金幣完全是控制節奏的工具，而網路遊戲裡的貨幣需要承擔經濟意義上的貨幣屬性，所以設計的訴求是截然不同的。

先從單機遊戲說起。

金幣的作用

絕大多數單機遊戲裡的金錢並不是貨幣，而是控制遊戲節奏的道具。

一個典型的表現是，很多單機遊戲需要玩家不停地提升裝備才能推進後續任務，而裝備需要用錢來買。所以在這種情況下，錢的使用範圍非常狹窄，而且主要目的是在一定程度上限制玩家的行為。這也是為什麼並不是所有遊戲的金錢概念都特別突出，因為還有很多其他的手法和機制能達到同樣的目的。

在《超級瑪利歐兄弟》系列的一些遊戲裡，金錢的本質是路標，玩家看到天上飄著的金幣，就知道要去哪裡。在這裡，金錢就是一個重要的引導機制，甚至對於大部分遊戲來說，哪怕金錢缺乏實際用途，玩家也有收集的慾望。早期還有很多電子遊戲是沒有結局的，比如《俄羅斯方塊》《大金剛》《小精靈》都沒有明確的結局，驅使玩家一直玩下去的核心措施就是遊戲的積分，透過積分來對比誰的水準更高，這個積分其實就是當時遊戲裡的一種貨幣。這是一種人類潛意識裡的競爭關係。

所以對於單機遊戲的策劃來說，金錢本質上和經驗等級一樣，都是一種特殊的數值機制，可以引導玩家合理且開心地完成遊戲。

而網路遊戲在金錢層面的設計要複雜得多。

▲ 圖4-2　在《超級瑪利歐》系列裡，金幣的一般等價物意義是被弱化的，金幣更多是做為關卡的指引

遊戲內的通貨膨脹

　　網路遊戲內的通貨膨脹是很難避免的，對於單機遊戲來說其實無所謂，但對於多人遊戲來說，通貨膨脹幾乎是致命的。

　　「集合啦！動物森友會」裡的大頭菜交易是一個毀譽參半的設計，好的方面是提升了玩家打開遊戲的頻率，玩家每半天要上去看一看大頭菜的價格；壞的方面是玩家可以去別人的島上賣大頭菜，這讓大部分玩家可以輕鬆賺到錢，導致遊戲內產生了嚴重的通貨膨脹。遊戲上市四周後，幾乎沒有玩家再缺錢了，我周圍的朋友在幾周後全都成為遊戲裡的千萬富翁，反而多少影響了玩家持續遊戲的樂趣。絕大多數的日本網路遊戲曾經遇到過類似的問題，顯然，日本的遊戲企劃把單機遊戲的貨幣設計思路帶入了網路遊戲。

　　在網路遊戲出現的早期，遊戲開發者也沒有預料到遊戲裡可能產生通貨膨脹，於是《網路創世紀》裡過量的生產很快就讓遊戲內的貨幣和裝備大幅度貶值，堪稱災難，甚至一度引起了經濟學家的注意，讓他們想分析究竟是什麼原因導致了如此嚴重的遊戲內通貨膨脹。之後，大部分網路遊戲也再次發生過這個無法控制的通貨膨脹的過程。

　　最糟糕的案例來自《暗黑破壞神 3》，這個甚至都不太算是網路遊戲的遊戲。

　　遊戲的內建拍賣場提供了非常豐富的道具交易功能，玩家可以在上面用新台幣購買金幣和道具，也可以直接用遊戲內的金幣買道具。等於提供玩家兩種選擇，對於新台幣戰士來說，可以直接花錢購買金幣和道具；而純粹希望靠自己雙手努力的玩家，也可以在遊戲內賺取金幣之後再到拍賣場購買道具。

　　《暗黑破壞神 3》發佈將設置一個拍賣場的消息以後，在玩家群體中引起了極大的爭議，這個拍賣場和玩家的私下交易本質一樣，只是暴雪會從中賺取15% 的交易費，這種行為讓不少玩家覺得暴雪過度貪財，但暴雪還是決定上架拍賣場。《暗黑破壞神 3》已經離職的首席設計師傑伊‧威爾遜（Jay Wilson）在 2013 年的 GDC（Game Developers Conference，遊戲開發者大會）上表示過設計這套系統的初衷：「它可以減少遊戲中的詐欺行為，保護玩家的利益；它能夠為玩家提供所需的服務；僅有少數玩家會使用這一系統；它將對遊戲內裝

備物品的價格發揮限制作用。」但現實卻走向了另外一個極端，沒有一項是拍賣場做到的。

拍賣場的存在吸引了大量的遊戲工作室一擁而入，在極短的時間裡，遊戲內的貨幣瘋狂貶值。遊戲內從二十美元兌換一億金幣到一美元兌換一億金幣只花了幾周的時間，這個貶值幅度堪稱遊戲內的金融危機。隨著暴雪封禁了一些明顯的外掛帳號，情況有所緩解，但貨幣貶值的趨勢依然無法遏止。最終導致玩家必須要用美元購買金幣才能在遊戲內交易其它道具，因為玩家在遊戲內獲得的金幣和直接在拍賣場上購買的產出效率差距過大，大部分遊戲玩家一晚上的投入都不如花一美元買來的金幣多。拍賣場從最早的針對兩種群體都可以使用，變成了純粹的法定貨幣交易市場。更重要的是，因為《暗黑破壞神 3》有聯網屬性，那些純粹體驗遊戲樂趣的玩家發現自己無論如何都不如這些直接花錢的玩家，這反而降低了玩家的遊戲興趣。

《暗黑破壞神 3》的拍賣場於 2012 年 6 月正式上線，2014 年 6 月 24 日宣佈永久關閉，只存活了兩年的時間，這期間暴雪還多次調整拍賣場的模式，但都不成功。

《暗黑破壞神 3》的問題是把貨幣的發行權交給了玩家，這相當於把中央銀行的權力直接給了玩家，而玩家最終選擇了無限制地發行貨幣，這種情況下，通貨膨脹是完全無法避免的。

《奇蹟 MU》是早期罕見地解決了通貨膨脹問題的 MMORPG，或者說不是解決，而是玩家用智慧巧妙地迴避了這一問題。事實上，遊戲內貨幣通貨膨脹非常嚴重，甚至嚴重到貨幣失去了流通性，但是遊戲玩家想到了用寶石來充當貨幣。和遊戲裡一般的貨幣相比，寶石有兩個非常明顯的優點：一是獲取難度較大，但穩定；二是做為一個必需品，每個玩家都需要，並且有穩定的消耗量。寶石交易幾乎完全忽視了遊戲裡正常的貨幣單位，這也提醒了日後的網路遊戲公司，**本質上越接近以物易物的交易系統，越不容易出現通貨膨脹的問題**。

而之後《魔獸世界》的做法更加簡單粗暴——每次版本更新直接讓貨幣貶值一次。雖然貨幣單位看似越來越大，但其實並沒有造成嚴重影響經濟生態的通貨膨脹。

時至今日，絕大多數遊戲公司已經摸索出了一套解決遊戲內通貨膨脹問題的常態手段。首先是必須要有好的貨幣回收機制，對於網路遊戲來說一般有四種常見方法：

1. 綁定裝備讓一部分裝備喪失流通性，這是《魔獸世界》一開始強調的一種方式，逼迫玩家必須透過自己的努力來獲取一些高等級的強力裝備。

2. 大量的遊戲內消耗品是最簡單的遏制通貨膨脹的物品，玩家需要不停買藥劑，不停在別處花錢。但絕大多數情況下效果並不好，原因在於可能會與遊戲系統的平衡產生衝突。

3. 修理費是非常典型能解決通貨膨脹的方法，玩家只要玩遊戲就必須頻繁地花錢修理裝備。類似的設計還有升級裝備時有分解或銷毀的可能。總之裝備作為生產力工具，如果壞了，玩家也只能一直投入在這上面。

4. 合理利用 NPC 的高價物品是在大版本更新時解決通貨膨脹問題較好的方法，當版本更新以後，整體提高新裝備的價格，讓玩家必須從頭開始賺錢，體驗一次貧困的感覺。

除此以外，還有一種常見又好用的方法是區分貨幣，這也是前面《奇蹟 MU》的做法。遊戲內的貨幣系統互相獨立，那麼也就縮小了通貨膨脹的可能性。中國古代歷史上的銅錢就是一種類似的貨幣形態，在絕大多數地域流通的銅錢和官方貨幣的兌換比例有差，甚至是不可互相兌換的。

現在，遊戲裡比較常見的一般是三種貨幣系統並行：

- 儲值金幣：用法定貨幣儲值的遊戲內金幣，一般是「開箱」用，可以獲取遊戲內的頂級道具和裝備，是為「課金」玩家訂製的金幣系統。

- 遊戲內貨幣：透過正常遊戲所獲取的貨幣，其獲取量是最大的，但是這類貨幣相對也最不值錢，只能獲取一般的道具和裝備，保證玩家可以持續遊戲。

- 限時貨幣：遊戲內透過活動獲取的貨幣，也可以獲取頂級的裝備和道具，但是難度較大。一般過了活動時限，這種貨幣就會作廢，下次活動再使用新的貨幣。

對於願意花錢的玩家來說，儲值（充值）金幣是唯一有價值的，因為和法定貨幣綁定，所以也不會出現通貨膨脹，通貨膨脹了，遊戲公司會更加開心；對於不願意花錢的玩家來說，限時貨幣是最有價值的，因為玩家可以獲取以往只有「課金」玩家才能獲得的高等級裝備；至於遊戲內貨幣，在這時就變得不重要了，所以哪怕真的出現了通貨膨脹，也沒有玩家在乎，更不會影響到遊戲本身的經濟系統。

這三種貨幣體系建立以後，加上前面提及的貨幣回收機制，絕大多數情況下可以規避通貨膨脹的問題。中國的很多遊戲裡甚至會使用更加複雜的貨幣機制，甚至也偶爾可以看到五、六套貨幣同時使用的情況。

說個題外話，我在寫這部分內容的時候，特地諮詢了國內幾位做遊戲數值策劃的人，請教他們到底是怎麼設計貨幣系統的，答案在意料之外又在情理之中：一是看其它公司這麼做，自己也就這麼做了；二是直接決定。這從某個角度說明，只要貨幣種類足夠多，那麼就很難出現通貨膨脹了，無論換誰來設計都是一樣的。

關於通貨膨脹經常提到一個話題：遊戲工作室，它指的是那些在遊戲內賺取貨幣然後兌換成真實貨幣的機構。顯而易見，對於大部分遊戲來說，遊戲工作室的出現容易導致嚴重的通貨膨脹。同時，遊戲工作室和大部分遊戲公司有明顯的利益衝突，對於「課金」遊戲來說，原本應該由遊戲公司賺走的錢被遊戲工作室賺走了。這也是時間付費遊戲公司並未積極打擊遊戲工作室、而內付費遊戲公司一直在盡力避免遊戲工作室出現的原因。

寶箱與獎勵機制

電子遊戲驅使玩家持續遊戲最主要的元素是激勵，寶箱是遊戲裡最核心的獎勵機制，也就是「鞭子和糖」裡需要給玩家的那顆「糖」。電子遊戲的獎勵機制是非常重要的，很多遊戲缺乏合理的獎勵機制，導致玩家流失，比如 Valve 的卡牌遊戲《Artifact》失敗的最主要的原因就是缺乏獎勵機制，玩家不花錢，靠遊戲本身是很難獲得提升的。

電子遊戲領域的獎勵機制非常多，甚至超出了遊戲本身，比如 Steam、PSN、Xbox 的成就系統也是一種獎勵機制，對於很多遊戲玩家來說，除了遊戲本身，能夠獲取更多的成就這一點也是很吸引人的。絕大多數遊戲的獎勵機制是複雜的，有層次遞進關係的。**好的遊戲反饋應該是一系列複雜獎勵機制的集合**，單一的獎勵機制會讓玩家感覺疲勞。比如遊戲裡擊倒敵人以後有掉落裝備的獎勵，完成任務有任務獎勵，並且這些獎勵在遊戲過程中會持續呈現給玩家。

電子遊戲裡，獎勵本身也可以做為遊戲的核心玩法，比如放置類遊戲就是把遊戲濃縮成不斷獲取獎勵的模式。

相比直接給玩家確定的獎勵，**寶箱機制最出色的地方在於創造驚喜**，玩家不確定自己到底可以獲得什麼。關於隨機性的話題後文還會提到，這裡先不細說。

寶箱其實是一種很奇怪的設計，因為我們在現實生活裡根本沒見過，我也從來沒有在地鐵角落裡見過寶箱，也沒有因為如期完成工作而得到寶箱做為獎勵，這是典型的遊戲世界裡約定俗成的設計。除此之外還有「殺怪」和「盜竊」，這些都是現實世界裡我們不會做、但是在遊戲裡又很常見的設計。

在電子遊戲裡頻繁使用的寶箱元素，本質上是早期以迷宮為主的遊戲所遺留的產物。前文曾經提到，早期的遊戲之所以有大量的迷宮設計，是因為要延長遊戲時間，讓玩家可以在迷宮裡走來走去，但這種走迷宮的反饋並不算好，尤其是發現走錯路以後。於是，在這種情況下，寶箱就成為一種調節機制，遊戲開發者在迷宮的各角落、甚至死胡同裡放置寶箱，就是為了讓玩家覺得自己的時間沒有白白浪費。所以一開始寶箱並不是純粹的獎勵機制，更像是一種補償機制。但隨著電子遊戲的發展，寶箱的應用範圍越來越廣，寶箱也就成了純粹的獎勵機制。

在電子遊戲裡，寶箱並不是唯一的獎勵機制，比如在南夢宮 1981 年的遊戲《大蜜蜂》裡，每隔三關會出現一個獎勵關卡，在這裡敵人不會攻擊你，只會四散奔逃。在 1983 年的《瑪利歐兄弟》裡，也有類似獎勵金幣的獎勵關卡。之後的日系遊戲裡，經常會加入類似的設計。從本質上來說，獎勵關卡也是一個寶箱，只是玩家的參與度更高。

類似的是一些遊戲裡的「哥布林」設計，比如《暗黑破壞神 3》裡的哥布林就是移動寶箱，玩家只要擊打哥布林就會掉落金幣和寶物，打死哥布林後會掉落更多。所以只要有哥布林出現，就會引起所有玩家的圍毆。和傳統站著不動的寶箱比，哥布林為遊戲增加了很多樂趣。

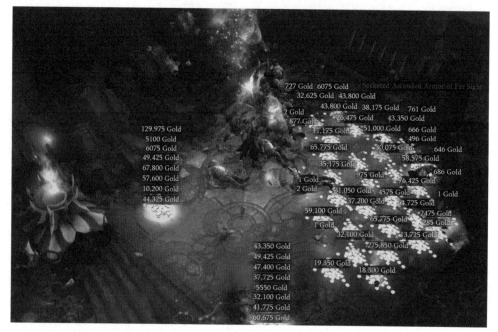

▲ 圖 4-3　在《暗黑破壞神 3》裡擊敗哥布林後，他會掉落大量金幣

電子遊戲歷史上有很多圍繞寶箱做的設計。

寶箱還有可能出現懲罰機制，最有代表性的就是「寶箱怪」（Mimic），它看起來是個寶箱，但其實是個怪物。寶箱怪的存在很有趣，這種有可能創造負面驚喜的機制，讓其餘的寶箱變得更有價值。在玩家打開正常寶箱的瞬間，除了可以獲取金幣以外，還會慶幸自己遇到的不是寶箱怪。就好比有個抽獎活動，獎品可以是中五百萬，也有可能是要倒貼五百萬，玩家如果打開了中五百萬的寶箱，激動的心情可能比獲得一千萬還要高興——總好過倒貼五百萬。當然，這種設計在現實世界裡會顯得非常不人性化。

MIMIC

FREQUENCY: *Rare*
NO. APPEARING: *1*
ARMOR CLASS: *7*
MOVE: *3"*
HIT DICE: *7-10*
% IN LAIR: *Nil*
TREASURE TYPE: *Nil*
NO. OF ATTACKS: *1*
DAMAGE/ATTACK: *3-12*
SPECIAL ATTACKS: *Glue*
SPECIAL DEFENSES: *Camouflage*
MAGIC RESISTANCE: *Standard*
INTELLIGENCE: *Semi- to average*
ALIGNMENT: *Neutral*
SIZE: *L*
PSIONIC ABILITY: *Nil*
    Attack/Defense Modes: *Nil*

▲ 圖 4-4　早在《龍與地下城》時代就有了寶箱怪的設計

　　最後，寶箱在遊戲裡也可以為玩家提供提示的作用。比如在《歧路旅人》裡，很多路徑裡都有寶箱，玩家看到後肯定會選擇打開，這樣玩家就知道自己已經走過這條路了，這也是我們在 JRPG 裡經常可以看到的一種設計。

MEMO

5 道具

背包

RPG 的背包系統是很典型的遊戲內擬真設計，模仿現實裡我們需要帶背包的情況。其中最經典的設計是，遊戲裡的背包空間和現實一樣是有限的。每個人都經歷過出門調整背包和皮箱空間的情況，對於大部分人來說，背包的空間永遠不足。這種設計也會讓玩家有強烈的代入感。

從技術角度來說，在遊戲內的背包實現無限空間並不難，但之所以不這麼做有個很基礎的原因，那就是如果背包裡的東西太多，玩家也無法快速找到物品，所以必須適當強迫玩家整理背包。當然這不是主要原因。

早在紅白機時期，遊戲內的背包空間就是有限的。起初是因為硬體性能的限制，當時遊戲存檔都是依靠玩家記錄密碼，通常一組密碼會對應一件物品，背包空間無限就相當於玩家要記錄無限的密碼內容，顯然這會是糟糕的體驗。之後，開發者發現控制背包容量本身就是一種遊戲玩法，就像有些人在現實裡熱衷收納，喜歡在小空間裡盡可能容納更多的物品。

在《暗黑破壞神》裡，不同的武器和道具占據不同的格子數量和位置，玩家需要合理安排自己的道具欄，盡可能放更多的物品，這裡就用到了本書一開始講的空間機制。在此基礎上，一些遊戲裡背包的空間是可以擴大的，和等級一樣，玩家可以藉由成長來產生成就感。這種背包機制也區分了立刻需要的物品和相對不重要的物品，玩家需要對物品進行判斷和分類。

背包的另一個作用是控制遊戲節奏。想像一下，玩家帶著十萬瓶回血藥劑打 Boss，每打一下喝一瓶，最終慢慢拖死了 Boss，雖然玩家勝利了，但是也絲毫沒有成就感。顯然也沒有遊戲企劃想讓玩家這樣玩遊戲。

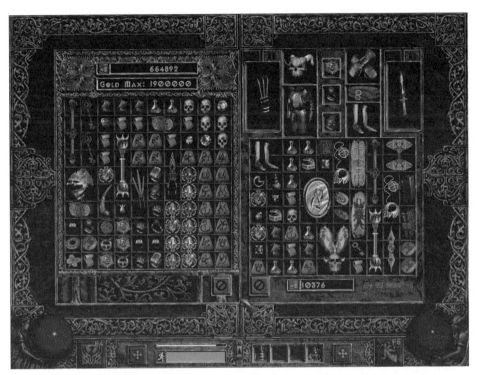

▲ 圖 5-1　《暗黑破壞神》系列裡不同的物品占據的格子數量不同，
這就讓物品的位置分配也成為一門學問

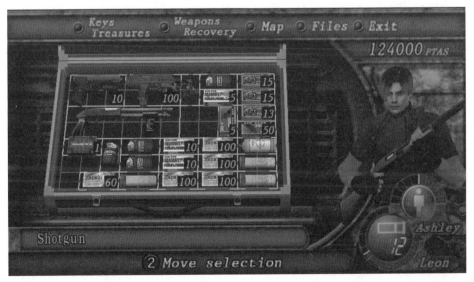

▲ 圖 5-2　《惡靈古堡》的背包也使用了不同物品占據不同儲存空間的設計

背包的存在就是為了確保這種事不會發生，玩家必須透過調整自己的戰術和合理分配資源戰勝對手，同時也必須定時脫離戰鬥去補給。如果玩家一直在高度緊張的狀態下進行遊戲，就很容易對遊戲感到疲勞，這並不是一件好事。所以**遊戲開發者要控制遊戲節奏，讓玩家有舒張感**。設計讓玩家定期去補給就是一種製造放鬆的方式，雖然玩家在準備補給時會感覺沮喪，打斷了遊戲的節奏，但事實上合理的打斷反而可以延長玩家的總遊戲時間。

如果背包機制控制得當，甚至可以成為遊戲裡的策略要點，比如《英雄聯盟》遊戲裡的道具和裝備共用六個裝備欄位，而遊戲內的控制守衛至少要占用一個欄位，每個玩家最多只能同時擁有兩個控制守衛[1]。在遊戲後期選擇合適的時間回家補給控制守衛，甚至可以影響整局比賽。而對於需要頻繁補充控制守衛的輔助位選手來說，遊戲後期經常出現要預留位置給控制守衛、導致自己沒空位買裝備的情況發生，因此適時購買合理價格的裝備，以確保自己的裝備空間不會被卡死，也是玩家需要考慮的重要問題。在 DotA 裡情況更加糟糕，早期回城卷軸也需要占用欄位，導致玩家不得不預留欄位。哪怕現在回城卷軸已經不需要占用欄位了，玩家還經常會在前期被大量的小裝備和道具占用欄位，以致欄位不夠用。

同時，很多 RPG，尤其是 MMORPG 裡，背包和倉庫的雙層設計也是一種遊戲內經濟體系，藉由背包和倉庫的雙層容量來限制遊戲內物品的產出。背包限制了一次攜帶物品的數量，在戰鬥後，玩家必須選擇要攜帶的物品，並放棄一部分帶不走的。而倉庫的上限決定了玩家不能一直囤積物品，必須消耗或者出售物品。

前文提過通貨膨脹的問題，如果可以控制玩家的金幣獲取和儲蓄，也可以有效地規避通貨膨脹的出現。

---

[1] 截至 S10（第 10 屆《英雄聯盟》世界大賽），還是讓兩個控制守衛可以共用一個欄位，但是至少留一個欄位。

武器和裝備

在古老的亞瑟王傳說裡，年輕的亞瑟拔出石中劍稱王。在與佩里諾爾王的戰鬥中，石中劍被折斷，之後亞瑟在魔法師梅林的指導下走到湖邊，獲得了湖中劍。這裡的石中劍和湖中劍，就是西方國家裡最出名的武器。中國的古代故事裡同樣也有著名的武器，從關羽的青龍偃月刀、張飛的丈八蛇矛、呂布的方天畫戟，再到《西遊記》裡孫悟空的如意金箍棒，都是典型的強力武器。人們期望透過武器來大幅強化自己的思路，從文學作品一路發展到電子遊戲裡。

遊戲中的商品有兩個屬性：使用價值和交易價值。使用價值就是商品對於生產力的輔助高低；交易價值就是玩家交易時商品的具體價位，這個價位被使用價值影響，但不由其單獨決定。在單機遊戲裡，武器就是很典型的以使用價值為主的商品。

前文提到過血量和金幣是控制遊戲節奏的機制，武器和裝備也是如此。遊戲藉由控制玩家獲取武器和裝備，限制玩家在某個階段的戰鬥強度，來控制玩家的節奏。這樣可以確保玩家不會太快通關，也不會在某個地方被卡死。

《暗黑破壞神 2》是一款非常偉大的作品，和第一代相比，這一代明顯弱化了等級的概念，強化了裝備的概念，也提出了電子遊戲領域裡最重要的一個核心玩法——刷寶，玩家需要投入大量精力重複在固定的地方獲取高等級裝備。很多人不理解刷的樂趣在哪裡，解釋起來其實相當簡單：一是對未知獎勵的好奇，二是對變強的無限渴求。這都是人類最原始的慾望。這種被戲稱為「刷子」的遊戲內容有它存在的歷史證明，《暗黑破壞神》能打敗《柏德之門》就是因為刷的體驗更好，刷的成就感更強。曾經 Westwood 還有過一款名為《NOX》的遊戲，整體品質也相當出色，甚至堪稱神作，卻無法被人記住，有個很重要的原因就是裝備系統過於薄弱，玩家不需要瘋狂地刷裝備。

▲ 圖 5-3　NOX 是一款優秀的遊戲，但是裝備和技能的設計都有缺陷

　　和血量、金幣不同，遊戲內的武器還經常承擔激勵作用。比如玩家擊倒敵人以後可以獲取新的高等級道具[2]，這會讓玩家覺得以前的戰鬥沒有白費。在多數單機遊戲裡這點並不突出，因為有主線劇情存在，完成劇情本身就是一種很好的激勵。《暗黑破壞神 2》就是單機遊戲裡做得相當出色的一款遊戲，除了每個階段的玩家都有追求高等級裝備的訴求以外，還有一些高級的裝備在整個遊戲的生命週期裡一直刺激著玩家的神經，比如《暗黑破壞神 2》裡的「死亡呼吸」，它有遠高於其它裝備的數值，在遊戲上市十幾年以後還激勵著玩家們在遊戲內獲取它。

　　在網路遊戲裡，新武器提供的激勵更加重要。

　　網路遊戲裡的副本之所以能夠驅使玩家一直參與，就是因為在副本中可以獲取更高級的裝備。絕大多數網路遊戲的武器和裝備可以分為下面四種：

- 無用裝備：數值和實用性極差，玩家幾乎不會在遊戲內真正使用。這種裝備存在的意義有兩點，一是凸顯其他裝備的價值，二是做為分解材料使用。

---

② 相比較而言，遊戲在血量和金幣的提升上一般非常節制，所以激勵效果相對不明顯。

- 一般等級裝備：玩家在每個等級裡遇到的最適合的裝備，雖然不夠強勢，但是可以滿足一般情況使用。而這類裝備通常是任務獎勵，或者有極高的機率可以讓玩家獲取。

- 罕見裝備：有強力數值或者特效的裝備，能夠明顯提升玩家的戰鬥能力。這類裝備一般在副本內或者擊倒高難度 Boss 後可以獲得。

- 紀念裝備：本身數值和屬性並不突出的裝備，但是只有在一段期間內或者完成特殊的要求後才能獲得，類似紀念品。

暴雪是一家在裝備分類上大量創新的公司，比如《暗黑破壞神》系列的武器都用顏色區分，白色、藍色、綠色、橘色等顏色分別代表武器裝備的不同強度；而從《魔獸世界》開始又大規模地使用數位來區分裝備等級。之後，大量的遊戲沿用了這兩種設計，透過明確的標誌告訴玩家裝備的優劣。

進入網路遊戲時代，武器的頻繁更新成為一款遊戲的主要盈利點，其中罕見裝備和紀念裝備是經常被遊戲公司設計來收費的。在網路遊戲靠著點數卡、月卡等時間收費的時代，遊戲裝備只能間接創造盈利，比如玩家為了獲取高等級裝備，必須延長自己的遊戲時間，間接提高了遊戲公司的收入，而進入以內付費為主的免費網路遊戲時代，裝備就變成了最直接的盈利點。

因為網路遊戲玩家的平均遊戲時間更長，遊戲內的一般數值很難區分開不同玩家，於是裝備幾乎成為唯一的區分方式，強力的裝備也變成所有玩家的最終目標。也是因為這一點，網路遊戲才經常出現天價的裝備。《熱血傳奇》裡一把屠龍刀炒到過台幣數十萬元的價格；《夢幻西遊》裡，「無級別霜冷九州」屬性不錯的價格都在台幣兩百多萬元；而「天龍破城」曾經賣到過上百萬元的價格。

遊戲內的道具能夠賣到如此高價，主要還是因為它們能夠幫玩家獲得明顯的能力提升。

也因為網路遊戲的武器和裝備如此重要，所以大部分遊戲公司都想方設法設計能夠吸引玩家花錢的裝備。但經常有公司因為設計上不節制，進而毀了一款遊戲。《絕對武力 Online》在中國營運的陸服就是一個典型的案例，這款遊

戲大量推出強力武器逼迫玩家購物，裡面甚至可以看到青龍偃月刀和小提琴。這樣毫無節制地加入武器的結果就是，不熟悉遊戲生態的玩家進入遊戲後會以為自己在玩一款仙俠遊戲。這也是這款遊戲失敗最主要的原因。

網路遊戲裡還有一些裝備的設計嚴重偏離了設計初衷。

《英雄聯盟》裡有過一個裝備，非常有趣，說它有趣是因為，裝備的設計是一個非常複雜的過程，而有時候玩家會做出設計師也想不到的行為。《英雄聯盟》裡的「死亡之舞」這一裝備曾經在 2020 年重製，新數值如下：

+50 物理攻擊（攻擊力）

+30 物理防禦（護甲）

+30 魔法抗性

+10% 冷卻縮減

唯一被動：造成傷害的同時會自我治療，治療量相當於實際傷害值的 15%。群體傷害的治療效率只有 33%。

唯一被動：你所受傷害的〔近戰英雄：30% || 遠程英雄：10%〕會以流血形式在 3 秒裡持續扣除。

這次更新和以前版本最大的區別在於增加了護甲和魔抗，相較原有的攻擊屬性，「死亡之舞」變成了一件以防守為主的裝備。

本來這次修改是為了讓這件裝備成為單純的近戰英雄裝備，因為理論上只有近戰英雄有護甲和魔抗的訴求，但它反而幾乎成為所有 ADC（Attack Damage Carry/Core，普通攻擊持續輸出核心）必出的裝備，因為護甲和魔抗對 ADC 的生存環境改變很大。這件裝備大大地緩解了 ADC 位置生存困難的問題。也就是說，這件裝備的設計初衷是不想讓 ADC 使用，但它反而變成了 ADC 必出的裝備。

裝備做為電子遊戲最主要的組成元素，還有很多更複雜的設計。比如遊戲內的裝備可能會承擔敘事的重要線索。在《洞窟物語》裡，如果你在和最終 Boss 決戰前獲得「飛行器 V0.8」，那麼你就會看到女主角因你而死，如果你不

拿這個道具，在之後的過程裡可以獲得更強大的「飛行器 V2.0」，女主角不會死，玩家也可以看到真正的隱藏 Boss 和結局。

武器，甚至這一章的所有道具，從機制角度來說，和下一章要提到的技能是相同的，多數情況下兩類機制是可以互相轉換的。

消耗品和藥品

電子遊戲裡的藥品也是一種典型的擬真設計，也是為玩家提供容錯率的設計。

在回合制遊戲裡，藥品的使用幾乎是立刻生效的，玩家喝下藥物以後立刻恢復狀態，但是現在這種立刻生效的藥品越來越少見，更多的是緩慢生效，比如在某段時間內恢復多少生命值。之所以這麼設計，有兩個原因：一是立刻恢復狀態的設計不夠擬真，畢竟我們在現實世界裡也沒有哪一種藥物吃下後可以立刻緩解病情；二是日後遊戲開始轉向即時戰鬥模式，如果玩家可以立刻恢復狀態，那麼很容易陷入玩家靠著藥物耗死敵人的情況，顯然這是影響遊戲性的。**所以延時生效的藥物一方面為玩家提供了容錯率，另一方面也為敵人提供了容錯率**[3]。

關於藥物的設計，有個非常有趣的案例。早期臺灣開發的 RPG，一開始遊戲裡的藥物基本沿用了日本和西方遊戲裡常見的「恢復劑」這樣的命名方式，之後又出現了一些稍有中國味道的詞語，比如金創藥、止血草。《仙劍奇俠傳》裡的藥品名稱達到了一個本土化的高峰，裡面除了有鼠兒果、還神丹、龍涎草、靈山仙芝、靈蠱、天仙玉露、蜂王蜜等一批與東方文化相關的名稱外，還有用雞蛋、茶葉蛋、水果、酒、醃肉等食物做為恢復道具。這是《仙劍奇俠傳》非常成功但被忽視的一個設計，豐富的中式藥物設計大大地提升華人玩家的代入感。

遊戲內的藥物很容易影響遊戲的核心玩法。

---

[3] 即保證設計師所設計的敵人戰鬥模式是成立的，而不會被玩家無限制地消耗，變成只有一種玩法。

《英雄聯盟》裡有法力值的設計，多數英雄釋放技能需要消耗法力值，尤其法師類英雄對其依賴度更高。早期《英雄聯盟》有設計專門的藍瓶，玩家使用後可以在一段時間內恢復法力值，但是後來這個藥品被刪除了。主要的原因就是需要藍瓶的法師普遍暴擊傷害高，清理敵方小兵的能力強，如果再有藍瓶加持，法師前期可以快速清理兵線，同時還能保持高暴擊傷害，這對於非法師英雄顯然是不公平的。同時，製作方 Riot 公司在盡量加快遊戲的前期節奏，太容易清理敵方小兵也會讓前期節奏變慢。除了藍瓶以外，遊戲後來還削弱了其它的回藍道具，每一類英雄的設計一定要有劣勢才能維持遊戲的平衡性。

與之類似，早期《英雄聯盟》裡的回血藥劑是不限數量的，曾經的「金屬大師莫德凱撒」雖然是法師英雄，但是使用技能不消耗法力值，這就使得他前期清理兵線的能力極強。所以當時普遍的玩法是，遊戲一開始就把所有錢全部買成回血藥劑，這樣自己使用技能不消耗法力值，還可以靠著藥一直回血，讓對手難以抗衡。類似機制的英雄還有好幾個，嚴重影響了遊戲前期的平衡性。最終，Riot 公司限制所有恢復品上限為五個，強迫玩家必須回到家裡補給。

再比如《暗黑破壞神 3》裡，沒有單純意義上的「奶媽」角色，之所以沒有，主要原因可能是暴雪認為《暗黑破壞神》系列的玩家不喜歡類似的職業規劃，而持續戰鬥又必須考慮玩家的恢復方式。但事實上，《暗黑破壞神》很另類地弱化了恢復藥劑的效果，在頻繁的戰鬥中血瓶可以提供的輔助十分有限。如果按照這個設計思路，《暗黑破壞神 3》應該是一款持續戰鬥效果相當差的遊戲，但暴雪做了一個毀譽參半的設計。在遊戲裡擊倒敵人會隨機掉落血球，玩家觸碰後就可以回血，對於遊戲的整體節奏來說，該設計非常出色，使得《暗黑破壞神 3》的整體遊戲節奏非常快。但問題是血球的出現是隨機的，缺乏足夠的主觀可控性，導致遊戲的不確定性因素過多。這也是血球機制備受批評的一點。

遊戲內的消耗品和藥品也是一種節奏控制機制，但這種機制非常容易失靈。

大部分玩家在遊戲內有一種近乎病態的心理，那就是不願意用消耗品，甚至很多時候一直到遊戲通關也沒有使用過多少消耗品，這種「病」也被戲稱為「松鼠病」。

日本玩家為這種病專門取了個更好聽的名字——終極聖靈藥（ラストエリク サー／ Mega Elixir）症候群。終極聖靈藥是《Final Fantasy 6》裡出現的道具，可以讓玩家一次完全恢復狀態，因為太難獲得，所以大部分玩家不願意使用，甚至多數玩家到遊戲通關都沒用過。

類似的情況在絕大多數遊戲裡都能看到。《魔獸世界》裡有個藥品叫「月神之光」，這個藥品很早就能獲取，也沒什麼實際價值，但是因為每個角色只能獲得一次，所以很多玩家留到藥品被刪除也沒用過。《爐石戰記》裡的「死亡之翼」有強力的數值，經常可以在逆風時翻轉戰局，但玩家經常在猶豫中到死也沒打出來。《薩爾達傳說：曠野之息》裡有很多容易破碎的武器，並且無法維修，導致玩家根本捨不得使用。

讓玩家捨不得用消耗品是一個非常糟糕的問題，會導致遊戲企劃的節奏感出問題。遊戲開發方設計了一個非常出色的道具，但是大家都不用，顯然這偏離了設計初衷。所以也有很多遊戲會強迫玩家使用，比如《Don't Starve（饑荒）》裡的物品有保存期限，或者很多 RPG 中經常看到的中毒，都是在迫使玩家使用解毒藥。總體而言，「松鼠病」並不會過度影響遊戲本身的流程，只要真的危害到遊戲角色的生命安全，再珍惜的藥物，玩家肯定也會使用。

道具和裝備的獲取

一般認為 RPG 有四個核心系統：一個是承擔敘事功能的任務系統，玩家在遊戲裡的故事都要靠任務來交代；其餘三個是控制遊戲節奏的等級、裝備和技能的系統（這三個系統要配合控制玩家的遊戲體驗，而之所以有三個不同的系統，是為了豐富遊戲玩法的層次，並且隨著遊戲產業的發展，這種層次會越來越強、越來越複雜）。

在遊戲內獲取道具和裝備，一般分為四種情況：

- 任務獲取：完成任務後獲得的獎勵，其中包括道具或者裝備。
- 一般掉落：戰勝敵人以後獲取的獎勵。

- 特殊掉落：在某些特殊環境下出現的物品，比如特定的時間內或者完成了特定的任務，一般具有不可複製的特性。

- 鍛造：玩家在遊戲內獲取素材，然後自己製造物品。這也是電子遊戲最常見的生產環節。

常見的遊戲道具掉落有四種不同機率：

- 完全隨機掉落：獲取的機率是完全隨機的，不會受到任何其他因素的影響。

- 計數掉落：當玩家重複了幾次之後一定會掉落某個物品，這是一種保底機制，保證玩家在大量重複以後不至於空手而歸。

- 總值掉落：每次掉落會控制一個總價值，然後在這個價值範圍內隨機出現物品。早期網路遊戲裡擊敗敵人的掉落很多屬於這一類。

- 預期掉落：程式會分析玩家的需求並給予，比如玩家的套裝只差一件時，會提高這一件的掉寶率。當然也有遊戲是反過來的。

一些玩家可能對這些掉落方式感到熟悉，但並不是因為遊戲內道具，而是因為抽卡遊戲的抽卡機制。確實，抽卡機制和道具的掉落幾乎是一樣的設計邏輯，在後文會有專門的段落講到這一點。

四種出現方式和四種出現機率互相配合，就涵蓋目前電子遊戲裡絕大多數物品的獲取方式。有興趣的讀者可以排列組合一下，也許會發現很多有趣的設計。

在 RPG 歷史上，《暗黑破壞神》系列一直是設計裝備獲取的教科書級案例。其中，《暗黑破壞神 3》的裝備獲取方式極為豐富且合理，最主要的獲取手段有以下幾種：

1. 鍛造：在鐵匠或珠寶匠那裡鍛造獲得的物品，消耗相對應數量的材料就可以獲得。

2. 世界掉落：在遊戲內直接掉落。

3. 商人卡達拉：透過冒險模式所積攢的血岩碎片，在卡達拉處獲得特定傳奇物品。

4. 赫拉迪姆寶箱：在冒險模式中完成懸賞任務後，可以獲得一個赫拉迪姆寶箱，打開後可以獲取裝備。

5. 賽季限定：只會在當前賽季中掉落的物品。

6. 指定掉落：在特殊地段掉落的道具或者只有特殊人物才能獲取的道具。

《暗黑破壞神 3》就是透過這些不同的道具獲取方式，豐富了玩家獲取道具的途徑。

其中的鍛造系統也是電子遊戲裡的重要組成部分，而且重要性越來越高。最簡單的一個例子是《惡靈古堡》裡把不同的草藥合成藥品。鍛造系統的作用有兩點：一是可以讓玩家參與生產，獲得創造價值的成就感；二是其本質也是收集系統，滿足玩家收集材料的慾望。

網路遊戲有個普遍存在的設計，就是裝備的強化機制。這指的是可以突破裝備上限升級裝備，常見的方式有：直接強化，如從「強化 +1」一直到「強化 +15」，甚至更高；還有鑽孔、鑲嵌的強化，如裝備有孔洞可以嵌入寶石來強化等等。而在強化過程中除了會消耗資源，還有可能導致裝備直接破碎。這種機制在單機 RPG 時代也有，但大部分遊戲並沒有使用，網路遊戲頻繁使用的主要原因有兩點：一是做為重要的資源回收機制存在，在強化的過程中，玩家會消耗大量資源，前文提到過，網路遊戲裡需要大量的資源回收；二是刺激玩家儲值，這是一個非常出色的付費點設計。所以大部分網路遊戲的最強裝備一般需要經過強化或者鑽孔才能獲得。

MOBA 類遊戲的無限疊加裝備

很多玩家第一次玩 MOBA 類遊戲的時候會陷入買裝備的思維困局，尤其是傳統的 RPG 玩家。我見過一個很有意思的玩家，他買裝備的時候只買一把武器，問他為什麼這麼買裝備？回答竟是：「難道還可以買很多武器？」

RPG 的裝備一般會對應明確的部位，如鞋子一定穿在腳上、頭盔一定戴在頭上、盔甲一定穿在身上，一般會有一個主手武器，可能還有一個副手的盾牌。總之不會有遊戲允許玩家拿六種武器——除非你用的角色是千手觀音。和 RPG 相比，MOBA 類遊戲裡的裝備幾乎是單純的數值和機制工具，遊戲本身並沒有裝備位置的限定。除了鞋只能有一雙外，玩家可以隨便買道具。當然限定玩家買一雙鞋子的主要原因是，如果可以買很多，玩家跑速過快，善於操作的玩家幾乎是無敵的。

在《王者榮耀》裡確實出現過「出兩雙鞋」的打法，《王者榮耀》裡並不限制玩家「出鞋」的數量，但是跑速加成是唯一的，無論出多少鞋子移動速度都不變，但其它屬性並不是唯一的。遊戲裡有一雙名為「冷靜之靴」的鞋子，特點是除了增加移動速度以外，還可以增加 15% 的「減 CD」（技能冷卻時間）。而鞋子很便宜，如果買兩雙，就相當於可以獲得 30% 的「減 CD」，這對於極其依賴技能 CD 的英雄來說是非常划算的。所以有段時間，在職業賽場和高端對局裡，經常會看到出兩雙「冷靜之靴」的場面。

《英雄聯盟》早期，所有玩家出門都是買最便宜的草鞋，因為除此以外也沒有任何其他的裝備可選擇。S3 以後，遊戲加入了多蘭系列的三件裝備，針對不同屬性的英雄玩家有了不同的出門裝備選擇。這種改變提高所有英雄早期的容錯空間，也從遊戲一開始就增加了一些多元屬性。

《英雄聯盟》在 S2 曾經有過一件非常強力的裝備「阿塔瑪之戟」，這件裝備的效果是可以將生命值轉化為攻擊力，最早在測試時是將 4% 的生命值轉化為攻擊力，在正式上線時改為 2.5%，因為過強，先後被削弱為 2% 和 1.5%。這個特殊的轉化效果，導致遊戲裡可以出肉裝的英雄獲得大幅度加強，在中後期會出現生命和攻擊力「雙高」的情況。更重要的是，這件裝備的合成裝備包括「貪婪之刃」，這件裝備也被稱為 AD 的「工資裝」，效果是玩家每十秒獲得三枚金幣，每次擊殺額可外獲得兩枚金幣。前期出「貪婪之刃」的性價比也非常高，這就使得升級到「阿塔瑪之戟」的過程非常「平滑」。

最終，「阿塔瑪之戟」因為定位過於尷尬被直接刪除。

除此以外，知名裝備「中婭之戒」和「冥火之擁」都因給予法師英雄過強的暴擊傷害和容錯空間被刪除。

　　DotA 中也有大量被刪除的裝備，比如「天鷹之戒」和「窮鬼盾」兩件玩家喜聞樂見的裝備被先後刪除，這是因為這兩件裝備的普適性過強，大部分英雄可以用，而且性價比很高，這就降低了遊戲的策略深度。

　　所以對於 MOBA 類遊戲來說，一件裝備完全沒人使用、和所有人都願意使用皆屬設計缺陷，最好的設計是不同的英雄、不同的玩家在不同的遊戲狀況下，可以選擇不同的裝備。一方面可以增加遊戲的策略複雜性，另一方面也讓玩家在遊戲內的定位不會過於單一。

MEMO

6 技能

跑步和跳躍

從《超級瑪利歐兄弟》開始，遊戲產業有一個很典型的設計，就是跑步鍵。尤其是對於《超級瑪利歐》系列來說，跑步幾乎自始至終都是遊戲最重要的組成部分，甚至任天堂做的第一款瑪利歐系列手遊《超級瑪利歐酷跑》也保留了最重要的跳躍機制。

在《超級瑪利歐兄弟》裡，按住手把的 B 鍵就會跑得飛快。這其實是一個很奇怪的機制，因為《超級瑪利歐兄弟》裡並沒有日後遊戲中的體力值設計，跑步並不會減少體力，所以理論上，直接把一般移動方式做成跑步也是相同的結果。

但如果真的體驗過，一定會感覺現在這種方式更有趣，有三個原因：一是跑步的速度感需要經由傳統的移動方式來凸顯，如果沒有對比，玩家也無法體驗跑步所帶來的快感，而且這個快感是需要成本的，最簡單的就是多按一個按鍵；二是在對比後，可以看到跑步會為玩家帶來更強烈的感官刺激。在遊戲裡，跑步越過障礙物的操作難度明顯更大，操作的風險越大，操作成功以後的成就感也會越強；三是《超級瑪利歐兄弟》和以往的平臺跳躍遊戲，有一個明顯的機制設計區別，那就是跑步跳躍和原地跳躍的高度是不同的，跑步跳躍模擬了現實中的助跑起跳，跳躍高度會更高，這就豐富了遊戲的玩法。所以在《超級瑪利歐兄弟》裡，玩家會覺得跑步和跳躍兩個動作彷彿渾然一體。

早期《超級瑪利歐》系列主要的競爭對手是《音速小子》系列。

和《超級瑪利歐》不同的地方在於，《音速小子》更加強調跑步，所以《音速小子》在速度感的營造上更加出色，玩家高速地奔馳在螢幕上是遊戲最核心的樂趣。但事實上，《音速小子》這個系列日後的沒落也和這個核心機制相關，因為玩家的速度越快，對開發的場景數量需求就越大，每一代遊戲都要開發大量玩家可能根本不會注意到的場景，以致成本激增。而歷代《音速小子》裡，只要脫離速度元素，口碑都不好，這個系列完全和速度綁定在一起，這也是 SEGA 在這個系列上走進死胡同最主要的原因。《超級瑪利歐》的跳躍並不會涉及這種成本呈指數級增長的情況。

▲ 圖 6-1　《超級瑪利歐兄弟》裡，跑步和跳躍的結合非常流暢

說回跑步。

　　使用跑步體力值的機制最為典型的就是《薩爾達傳說》系列，從《薩爾達傳說：禦天之劍》到《薩爾達傳說：曠野之息》，都加入了跑步機制。跑步會消耗體力值，玩家不能長時間奔跑，在沒有體力以後會進入疲勞狀態，要休息一會兒才能繼續跑。之所以這麼設計也是和遊戲自身的機制有關，一是因為《薩爾達傳說》是很注重解謎的遊戲，而體力本身就是謎題的一環，比如在《薩爾達傳說：禦天之劍》裡有一些需要跑步才能上去的斜坡；二是在《薩爾達傳說：曠野之息》以前，遊戲是沒有跳躍機制的，所以加速跑步成為跳躍的一種實現方法，當玩家衝刺到懸崖邊時，林克會在遊戲裡自動起跳。有遊戲業者解釋，起初不做跳躍而用跑步機制觸發跳躍的主要原因，是為了增加遊戲的緊張感，這可以讓玩家形成一種警戒心理：萬一掉下去死了怎麼辦？

　　跳躍也成為遊戲裡最原始的技能，日後還出現了二段跳和三段跳等超越現實物理限制的技能。這裡講個題外話，跳躍在電子遊戲裡是一個非常重要的技能，但在現實世界裡我們卻很少用到，至少我很少在日常生活裡跳來跳去。

　　並不是所有遊戲都有跳躍機制，《暗黑破壞神》就沒有跳躍功能，主要原因是沒有必要，俯視角的遊戲只有 X 軸和 Y 軸。《劍俠情緣 2》被認為是最早一批模仿《暗黑破壞神》的中國製遊戲，但遊戲裡有相當多超越《暗黑破壞神》

的優秀機制，最典型的就是跳躍，主角可以透過跳躍進入一些隱藏的空間內，大大地豐富了遊戲的玩法，這也是那個時代中國製遊戲被忽視的創新之一。

日後遊戲領域還出現過一個跳躍機制的升級版，就是鉤索。玩家射出鉤索抓住遠處的建築物後，可以把自己拉到目的地。《蝙蝠俠：阿卡漢城市》、《隻狼》裡都有類似的設計，這幾乎成為 3A 遊戲的標準配備之一。和跳躍相比，使用鉤索更加刺激和緊張，成功以後的成就感也更強。

鉤索機制的產生有兩個原因：一是隨著開放世界遊戲的出現，遊戲地圖越來越大，鉤索可以減少趕路的負反饋，雖然也可以使用傳送，但傳送是一種相對缺乏現實感的設計，鉤索相對而言寫實很多；二是電子遊戲進入全面的 3D 化時代，遊戲空間越來越立體，跑步只能在一個平面內移動，跳躍也只能在一個相對低的空間移動，而可以跨越更高空間的機制成為必需品。當然，鉤索機制也需要真實感，蝙蝠俠使用鉤索看起來非常正常，但《最後一戰：無限》裡身穿重甲的士官長用鉤索就顯得毫無道理，哪怕直接飛起來也比用鉤索看來合理得多。

為了解決 3D 空間快速通行的問題，很多遊戲公司做了相當不錯的嘗試，比如《刺客教條》裡的「信仰之躍」，指的是從高處可以直接跳到草堆裡，解決了從高處向下的通行問題，還保留了真實感。

▲ 圖 6-2 鉤索已經成為電子遊戲最重要的組成部分

　　類似的機制還有滑翔翼，《薩爾達傳說：曠野之息》和《芬尼克斯傳說》
都使用了滑翔翼機制，玩家可以從高處一躍而下，然後乘著滑翔翼飛往遠方。

▲ 圖 6-3 滑翔翼也逐漸成為開放世界遊戲的重要交通工具

技能的設計

二十世紀 80 年代到 90 年代出生的日本年輕人和歐美年輕人，都有一個很「中二」的習慣，就是幾個男孩子在玩鬧的時候會互相喊「Kamehameha」，有在看動漫的讀者對這個可能也很熟悉，他們喊的就是《七龍珠》裡的「龜派氣功」。龜派氣功是一個很典型的強力技能設計，喊出來是為了告訴敵人和觀眾技能的名字，這也源自西方劍與魔法故事裡對技能的「吟唱」設定。

日本的漫畫和動畫非常擅長描寫技能，這一點非常值得遊戲開發者借鑑。那些漫畫和動畫裡我們所熟知的技能大都有三個鮮明的特點：一是有明確的獲取條件，主角得在某種特定情況下才能習得，這個條件是其他角色很難滿足的；二是技能要有明確的名字；三是技能要有等級，合適的技能只能在合適的時間使用。

我們從什麼是技能開始說起。

在電子遊戲裡，RPG 格外依賴技能設計，甚至技能設計的好壞是評價一款遊戲的重要標準。進入網路遊戲時代，尤其是電子競技時代後，好的技能設計幾乎可以說是一款遊戲的核心。

早期的技能設計大多是強化類，比如《小精靈》裡玩家吃了特殊道具以後可以反過來去吃幽靈，再比如《超級瑪利歐兄弟》裡的「星星」可以讓角色變成「無敵狀態」。早期遊戲中，有主動攻擊特效的技能相對較少，這主要是受到技能限制，遊戲內容相對匱乏。現在，隨著設備技能和開發能力的提升，遊戲技能也越來越豐富。值得一提的是動作遊戲為日後遊戲技能的設計提供了很多有意思的範例，比如蓄力技，玩家需要按住按鍵，控制在一定的時間內釋放以產生爆發性傷害；比如取消「後搖」，玩家可以透過操作取消技能結束後的動作動畫，以此加快技能的釋放速度；比如「受身技」，玩家在硬直狀態（被迫無法動彈）下，可以立刻起身。這些格鬥遊戲的技能都提高了玩家的操作上限，讓高水準玩家可以探索更加豐富和複雜的玩法。

在現代電子遊戲裡，技能機制的複雜程度直接影響了一款遊戲戰鬥環節的趣味性。

從一般意義上來說，技能設計要遵循的原則有：獨特性、操作空間、反制空間、團隊配合、Combo。

- 獨特性：看到某個技能，玩家能立刻想到對應的角色。
- 操作空間：技能不應該是無腦使用的，要有一些操作條件。
- 反制空間：技能不應該是無解的，一定要有辦法壓制。這個壓制可以是主動壓制，比如技能有消耗和冷卻時間；也可以是被動壓制，比如有其他人的技能可以壓制這個技能。
- 團隊配合：在多人遊戲裡，如果可以和其他玩家配合，就直接啟動了團隊遊戲。
- Combo：打出連擊。對於某些類型的遊戲來說，如果技能可以打出連擊，那麼技能對玩家的吸引力會更強。這主要針對動作遊戲。

下面是更為詳細的技能設計時的參考圖。

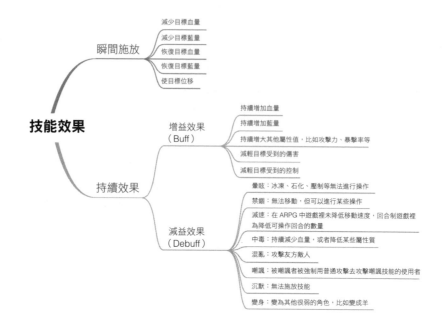

▲ 圖 6-4 技能設計參考圖

　　除了這些一般機制以外，我們還經常可以見到一些另類的機制，比如改變遊戲地形。DotA2「撼地者」的「溝壑」技能是製造一條溝壑，阻擋前進路線；《英雄聯盟》裡「蒂瑪西亞楷模‧嘉文四世」的「浩劫降臨」是製造一個圈框住敵人。這類技能在傳統的 RPG 裡很少見，因為早期的技能更多的是數值技能，對機制技能的理解也更多侷限於改變敵人的狀態，但事實上遊戲裡是可以改變公共空間的狀態的。

另外一個非常值得單獨提到的是非指向性技能，這也是 DotA2 和《英雄聯盟》最大的區別。

非指向性技能本身可能就是遊戲的核心機制，比如《百戰天蟲》就是以技能的非指向性作為核心玩法的，當然，使用非指向性技能的主要是格鬥遊戲。

《英雄聯盟》的玩家都有一個共識：這是一款格鬥遊戲。之所以玩家會這麼認為，是因為遊戲中有大量非指向性技能，玩家需要在戰鬥中快速反應，並將滑鼠指標移動到需要的位置上。也就是說，相較於技能的搭配與合理使用，《英雄聯盟》更側重如何把技能打到敵人身上。

這樣，《英雄聯盟》就非常考驗玩家的「手腦協調」能力和瞬間反應速度，這也使得《英雄聯盟》的觀賞性更強，門檻也更低，因為玩家不用從策略層面思考遊戲內容，只需要看技能是不是準確命中對手即可。

而觀賞性也是 Riot 公司在設計遊戲技能時考慮的最主要的問題之一。在多人對戰遊戲裡，能夠營造出千鈞一髮的瞬間技能都是好的設計，甚至可以說 Riot 公司一直在盡力營造的這種千鈞一髮的氛圍，才是該遊戲核心玩法的設計。比如《英雄聯盟》裡的位移技能很少，並且沒有 DoA2 裡「原力法杖」（推推棒）這種提供位移的方便裝備，最好的位移方式是 300 秒冷卻時間的閃現技能。這種超長的冷卻時間就凸顯了閃現的價值，也就出現了「狂暴之心・凱南」的「閃現」大招和「盲僧・李青」的「R 閃」這種經典的遊戲後期翻盤場面，如果「閃現」失敗，那麼就可能意味著整局比賽的失敗。

《暗黑破壞神》和傳統 RPG 的技能設計

《暗黑破壞神》的技能設計是傳統 RPG 的教科書，甚至大部分傳統 RPG 的技能設計多少受到了《暗黑破壞神》的影響。

在 2013 年的 GDC 上，《暗黑破壞神 3》的遊戲總監 Wilson 分享了遊戲開發的一些心路歷程（影片名為「Shout at the Devil： The Making of Diablo III」），裡面提到了很多關於《暗黑破壞神》系列的技能設計問題。

《暗黑破壞神 2》使用的是技能樹（天賦樹）的設計，這個設計有三個特點：使用技能點、有等級要求、有其他技能的最小等級要求（一般都是以樹一樣的外形來表示）。這三點使得技能變成了數學遊戲，絕大多數使用技能樹的遊戲裡，玩家會在大部分過渡技能上只點一個技能點，而這個技能點其實是一種浪費。這種過路點的存在，導致遊戲在技能層面的策略深度並不深，玩家一般只是希望最終獲得某個強力的屬性或者技能，因為這樣從數學角度來看獲得的收益是最大的，他們根本不熟悉其它技能，所以中間環節只能被迫浪費在這些過路點上。同時，雖然在《暗黑破壞神 2》的時代技能樹是一個優秀的設計，但是在現今，該設計絕對稱不上好。現在很多使用技能樹設計的遊戲，經常陷入技能過於複雜的情況，不能說技能樹的設計差，但確實在實際應用上需要考慮的內容可能比大家想像中的更多。

《暗黑破壞神 3》裡取消了技能點的設定，取而代之的是「技能池」的概念，玩家有六個主動技能池和三個被動技能池，可以從每個技能池選擇其中一個技能來裝備。每個技能隨著等級解鎖，但是其技能等級都是一樣的。這樣明顯豐富了玩家的選擇，並且沒有浪費技能點。

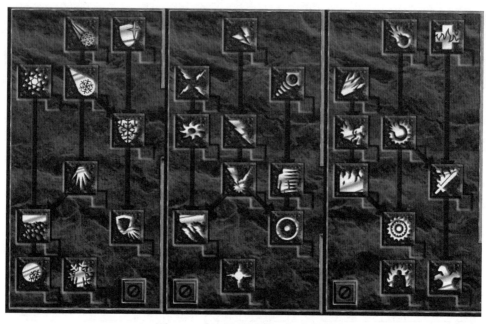

▲ 圖 6-5 《暗黑破壞神 2》的技能樹

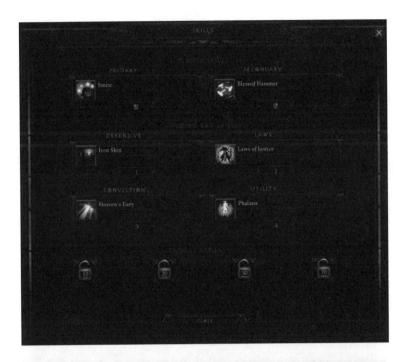

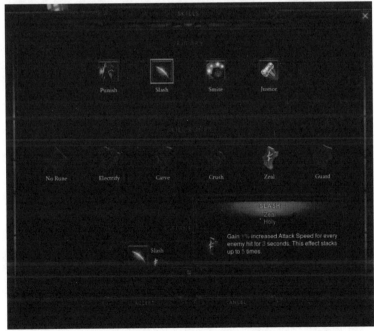

▲ 圖 6-6 《暗黑破壞神 3》的技能設計簡單,清晰很多

Wilson 在演講裡還分享了《暗黑破壞神 3》技能設計的七個理念：

1. 高度易玩性（Approachable）

2. 高度個人化（Highly Customizable）

3. 強力英雄（Powerful Heroes）

4. 合適節奏的正向反饋（Well Paced Rewards）

5. 重複可玩性高（Highly Replayable）

6. 優秀的故事背景（Strong Setting）

7. 多人合作模式（Cooperative Multiplayer）

他還分享了技能高度個性化的益處：

1. 玩家打造自己的角色（Building Your Character）：高度個人化下，玩家有一定的自由度去定義自己的遊戲角色，不管是外表上還是戰鬥上。

2. 玩家的自我表達（Player Expression）：因為加入了個人化，可以滿足玩家自我表達的需求。

3. 玩家的身份識別（Player Identification）：因為玩家角色各不相同，所以有了獨立於名字之外的身份標識。

4. 強化遊戲深度（Source of Long Term Depth）：戰鬥上的個人化可以讓玩家有多樣化的戰鬥方式，這強化了遊戲深度。

5. 強化遊戲的重複可玩性（Supports Replayability）：提供給玩家更多的探索空間和體驗空間，讓玩家重複玩遊戲變得更有意義。

當然，《暗黑破壞神》也受到了《龍與地下城》系列的影響。在《龍與地下城》的技能體系裡有很多非常有趣的設計，比如治療技能本身是一種正反饋的技能，但是對於「不死族」來說卻是負反饋，治療技能會傷害「不死族」，甚至會殺死「不死族」。日後這個設計在很多遊戲裡曾經出現過，包括《Final Fantasy》系列。

《英雄聯盟》裡的技能設計

《英雄聯盟》的技能設計在連線遊戲裡的功與過都表現得非常明顯。

《英雄聯盟》早期的符文系統是單純的數值加強，每個玩家有三十個空位，可以透過插入符文強化某個方向的屬性，但在之後被修改，現在的符文系統更接近被動技能，不同的符文有對應的技能效果。這也是《英雄聯盟》近年比較成功的大改動之一，除了原有的三十個符文玩家收集困難以外，更重要的是經由技能化的設計，增加了遊戲的多變性。

比如部分英雄靠著不同的符文搭配，實現了不同的玩法，甚至會出現同一位英雄因為搭配不同的符文，彷彿變成了不同英雄的機制差異。

前文曾經提到過技能設計的參考圖，它在《英雄聯盟》裡有更典型的應用。

第一類技能是前文提過的非指向性技能，《英雄聯盟》裡絕大多數的控制和高傷害技能是非指向性技能，這是和 DotA2 最大的區別。非指向性技能大幅拓展了操作上限，玩家甚至需要預設對手的行動來釋放技能。當然對於每個玩家來說，也可以透過自己的走位來躲避對方的技能。

第二類是疊加效果技能，意思是玩家需要疊加某種特殊條件後才能觸發更多的效果，比如《英雄聯盟》裡「汎」的 W 技能「神聖銀箭」，在最高等級下，玩家的每三次普通攻擊會造成對方 14% 最大生命值的真實傷害，這個技能讓「汎」成為這款遊戲後期實力強勁的射手之一，按百分比造成的傷害可以無視對手的護甲。這類技能設計其實是一個戰鬥環節的小獎勵，和開寶箱的感覺差不多，每完成一個小目標就可以獲取相應的收益。而且，因為疊加效果技能基本上與戰鬥相關，所以遊戲節奏很容易越來越快，現在主流的三款 MOBA 類遊戲裡，節奏最快的《王者榮耀》也是這類技能應用最多的遊戲，超過一半的英雄都有類似技能，而節奏最慢的 DotA2 則是這類技能應用最少的。除了技能以外，這種層疊設計在《英雄聯盟》的其它地方應用得也很多，比如裝備，「靈魂竊取者」和「鬼索的狂暴之刃」的被動效果都是疊加效果；再比如遊戲內的「小龍 Buff」的效果也是疊加效果。

第三類是蓄力類技能，玩家按下技能鍵以後，需要等待合適的時機釋放，比如「血色收割者‧弗拉迪米爾」的 E 技能「血之潮汐」，這個技能在按下鍵後會進入蓄力狀態，蓄力的時間越長，傷害越大，當玩家主動放開按鍵或者到達蓄力最大時間，技能會釋放。蓄力類技能非常考驗玩家的操作，一般有這種技能的都是操作難度較高的英雄。

第四類是不同英雄的技能連動，典型的是「虛空之女‧凱莎」的 R 技能「殺手本能」，這個技能可以讓凱莎飛到一個敵人的身旁，但是這個敵人必須有凱莎的電漿印記，凱莎的 W 技能「虛空探索者」擊中敵人可以讓對方出現電漿效果，但在實際戰鬥裡操作難度很大，很容易遭敵方躲避。所以就設計了一個特殊效果，自己隊友的控場技能也可以輔助凱莎打出被動效果，這樣凱莎就可以在隊友的輔助下飛到敵人身旁。所以大部分情況下，凱莎要依賴隊友的配合，才可以找到適合的機會進場。

第五類是空間限制技能，比如「蒂瑪西亞楷模‧嘉文四世」的 R 技能「浩劫降臨」，這個技能會衝向敵方一人或多人，並且製造一個有碰撞體積的競技場框住敵人，限制敵人的行動。與之類似的是「鋼鐵殘影‧卡蜜兒」的 R 技能「海克斯晶體結界」，她也是創造一個限制移動的區域，有些不同的是，針對嘉文四世的 R 技能，對方可以靠著閃現等其它位移技能逃脫，而對於卡蜜兒的 R 技能，對方不能逃脫。

中國和海外的遊戲企劃圈子都曾有過一個經典討論：《英雄聯盟》裡設計得最好的英雄是哪一個？

討論大多集中在兩個英雄上，「冰霜射手‧艾希」和「鍊魂獄長‧瑟雷西」。從出場率來看，艾希是整個《英雄聯盟》出場最穩定的 ADC（攻擊輸出角色），尤其是在重製之後，雖然在多數版本中，她不是最熱門的 ADC，但是都能在絕大多數版本中使用，也都有在職業賽場出場。這和她的特殊機制有關，她最重要的 E 技能「鷹擊長空」可以讓對方英雄暴露在一定範圍內。在越高端的遊戲比賽裡，視野越重要，尤其是前期如果知道對方「打野」的動向，優勢就非常大了，這個技能也是遊戲裡提供視野輔助最大的小技能。另外就是 R 技能「魔法水晶箭」可以提供超遠距離的開團或者反打保護功能，就 ADC 來說也是十分難得的，所以只要這兩個技能的機制存在，總會有上場的機會。而瑟雷

西的情況更加極端一點，甚至有職業選手認為只要瑟雷西技能不變，哪怕把所有數值傷害都調整為 0，這個英雄還是可以在職業賽場上出場。Q 技能「死亡宣告」可以拉住敵人，再次啟動可以把自己拉向敵人；W 技能「鬼影燈籠」可以把隊友拉到自己身邊；E 技能「僵魂掃蕩」可以把敵人推開；R 技能「惡靈領域」可以提供一個範圍，當敵人通過這個邊界時會被迫減速。這些技能在遊戲作戰過程中提供了極大的靈活性，因為機制過於優秀，所以技能的傷害並不重要，從另外一個角度也可以說技能傷害必須低，否則就太強了。

《英雄聯盟》在第 7 賽季以後，英雄的設計越來越重視技能機制的重要性，比如「罪鍊術士・塞勒斯」的 R 技能「盜技禁鍊」可以偷取對方英雄的 R 技能，這個技能可以讓塞勒斯在一些非常有趣的情況下出現，比如對方有不少英雄的 R 技能非常優秀，所以可以反打以塞勒斯做為壓制，對方越強，自己就越強，當然在 DotA2 裡還有機制更加靈活的「拉比克」；「金屬亡靈・魔鬥凱薩」重製後的 R 技能「死亡領域」是把對方拉入另外一個空間內，提供強制的單挑對決，這個技能可以讓魔鬥凱薩哪怕不吃遊戲內的資源也可以在團體戰裡發揮作用，只要把對方最有用的英雄拉入死亡領域中拖延時間，自己的隊友就可以在外面解決剩下的人；「血港開膛手・派克」的 R 技能「汪洋死城」在斬殺掉對方敵人後，可以讓我方另外一個英雄獲得一樣的金錢收入，這就使得只要有派克在，隊友就很容易獲取大量金錢。

當然，後文也會提到，機制濫用也會引起更嚴重的連鎖問題，《王者榮耀》面對的就是這種情況——技能的自我制衡，當英雄擁有強力技能的時候，一定有負面效應存在。

比如前文提到的「冰霜射手・艾希」，一直沒有辦法變成最熱門的 ADC，就是因為她沒有位移技能，雖然可以提供視野和控制，但是很容易在遊戲過程裡暴斃；雖然「罪鍊術士・塞勒斯」的 R 技能可以偷取對方的技能，但是他是一個近戰英雄，而最適合打的中路和上路很容易遇到遠程英雄，會導致他對線非常困難，所以一段時間裡塞勒斯也被用來「打野」，但也有打野速度慢等問題；「金屬亡靈・魔鬥凱薩」幾乎有以上兩個英雄所有的缺陷，沒有任何位移技能並且是打近戰，導致打遠端很難對線，並且很容易被「抓死」，甚至連技能都打不中人。

技能和屬性的相剋關係

　　遊戲裡屬性設置的源頭比電子遊戲的出現早了幾千年，西元前的古希臘就有了四元素的世界觀，當時就包括了風、火、土、水四種屬性，之後亞里斯多德又提出乙太元素對應天體的說法。而這些就是現在我們在遊戲裡經常看到的設定，從《龍與地下城》開始，技能和屬性的相剋關係就是一個非常主流的設計。

　　設計明確的相剋關係是為了區分技能帶來的功能性，也是為了增加遊戲的策略深度。

　　我們絕大多數人從小就在接觸屬性的相剋關係，並且都玩過這類遊戲。技能的屬性相剋關係本質上就是石頭、剪刀、布。當然，絕大多數遊戲裡的表現手法不會這麼簡單，但發揮了一樣的效果。

　　屬性的相剋關係大多是一個迴圈制約關係，意思是「石頭 > 剪刀 > 布 > 石頭……」不斷迴圈，也就是下面這種環狀關係。

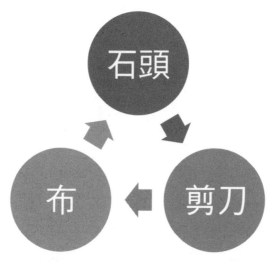

▲ 圖 6-7　石頭、剪刀、布的相剋關係

　　這麼設計是為了保證每個屬性都不會過於強大。

電子遊戲裡最常見的屬性相剋關係是三點牽制。就是石頭、剪刀、布的關係，在遊戲裡的體現一般是水火木三點關係，水剋火，火剋木，木剋水，相剋關係能夠使傷害加倍，被剋則使傷害減半。這種三點的相剋關係雖然表面上可以做到三角平衡關係，但是存在一個致命問題，就是屬性權重過大，可能影響整體的遊戲體驗。所以單純的三點相剋關係在遊戲裡並不常見。

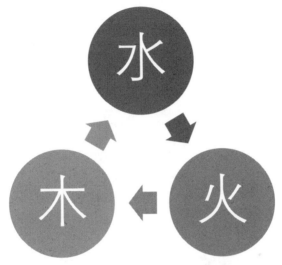

▲ 圖 6-8　水火木的三點相剋關係

　　一種常見的屬性相剋關係是《龍族拼圖》裡使用的雙系統相剋關係，除了典型的水火木三點相剋以外，還存在光明和黑暗的互相克制。而光明和黑暗的相剋關係和水火木之間是無關的。這種相剋關係使得光明和黑暗兩個屬性非常強大，除了光明和黑暗可以互相造成雙倍傷害以外，這兩個屬性不存在傷害減半的攻擊對象，攻擊水火木都是正常傷害。

　　除此以外還有一種四點或者五點的相剋關係，最常見是的水火木雷的四點設計，水剋火，火剋木，木剋雷，雷剋水。這種看似更複雜的情況雖然增加了遊戲的策略深度，但是也存在明顯的缺陷，那就是跨越的屬性之間是無關的，並不是所有屬性都存在相剋關係，比如水和木就不相剋。四點設計還好，如果是五點或者更多的元素，就會讓屬性相剋顯得有些「雞肋」了。

所以在一些遊戲裡，為了平衡屬性的相剋關係，同時兼顧遊戲性，會設置極其複雜的屬性，比如《寶可夢》的屬性相剋關係就多達數十種。

除了直白的屬性相剋以外，還有一種單純技能機制的相剋關係。

技能的相剋很多時候難以單用文字描述，有可能是更加複雜的機制設計。比如在動作遊戲裡，閃避是可以完全迴避攻擊的，就是說閃避在面對攻擊時是可以完全壓制攻擊的。但是這樣又會使得閃避過於無敵，於是遊戲的一般做法就是使閃避具有非常強的時間敏感性，比如在極端的時間內做出對應的操作，讓閃避也有失敗率。

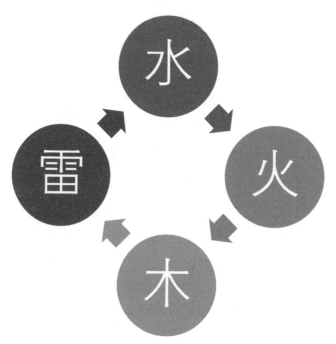

▲ 圖 6-9　水火木雷的四點相剋關係

《英雄聯盟》裡有很多非常典型的技能機制相剋關係，比如「放逐浪人・犽宿」的技能「風牆鐵壁」和「弗雷爾卓德豪腕・布郎姆」的技能「雄心重盾」都是創造一扇屏障，阻擋來自某個方向的攻擊，而某些英雄的技能又非常依賴遠距離釋放，就會被這兩個技能直接阻擋。

嘲諷和防守反擊

嘲諷本來指的是現實世界裡對對方叫罵挑釁，激怒對方和影響對方的情緒。但是在電子遊戲裡，嘲諷是一種特殊的技能設計，作用是讓對方攻擊自己。這是在特殊團隊作戰時才會使用的技能，為了讓自己的隊友獲得更好的生存空間，讓對方只攻擊自己。只要保證自己也可以生存即可，這就是團隊作戰最好的分工。所以嘲諷是一個非常先進的設計思路，它完善了團隊分工。

和嘲諷機制直接相關的是仇恨機制。在 RPG 裡，對方攻擊誰雖然是電腦的選擇，但並不是完全隨機的，其中相對先進的設計就是利用仇恨機制。對方會判斷誰是最大的對打威脅，然後主要攻擊他。如果沒有好的仇恨機制設計，就會讓玩家感覺對方很傻，比如在早期很多遊戲中，對方會一直攻擊自己第一個攻擊的人，直到把這個人打死。而且玩家只要一直為這個被攻擊的人加血，對方就永遠不會攻擊其他玩家。

而嘲諷就是利用仇恨機制，把仇恨轉移到自己的身上。

還有一個和嘲諷類似的機制是友軍傷害，意思是在遊戲裡你可以傷害甚至擊殺自己人，這種機制主要出現在 FPS（第一人稱射擊）遊戲裡。這個設計主要是為了避免遊戲裡出現大量無解的戰術。絕大多數 FPS 遊戲內的手榴彈、燃燒彈等影響範圍較大的武器會有「傷害友軍」的效果，就是為了防止玩家濫用這類道具。假設沒有「傷害友軍」的效果，那麼玩家完全可以不計後果地使用手榴彈，顯然整體的遊戲體驗會相當糟糕。

防守反擊的設計，簡而言之就是提供落後者更多的戰鬥力優惠。

遊戲企劃裡有一個很重要的概念叫作反饋迴圈，例如《大富翁》裡富人很容易持續變富，不停地買地，不停地收租，這稱為正反饋迴圈。但顯然正反饋迴圈只對領先者產生優勢，對於所有落後者來說都是消極反饋，所以就有了負反饋迴圈。例如在橄欖球比賽裡，進攻方的傳球空間是隨著推進逐漸壓縮的；在《超級瑪利歐賽車》裡，大部分道具針對的是前面領先的人，這就使落後的人更容易有階段性優勢。在大部分賽車遊戲裡，落後的車會有一個隱藏的屬性提升，

讓他們可以相對容易地追上前面的車。但是負反饋迴圈同樣有問題，那就是讓領先者產生消極反饋，所以電子遊戲平衡兩種反饋的效果也變得十分重要。

在其它類型的遊戲裡也有類似的設計。

《熱血江湖》裡的「刀客」有個非常另類的玩法叫作「反刀」，遊戲裡有一個名為「四兩千金」的技能，這個技能的效果就是在玩家受到以後傷害、有一定機率讓對方造成相同傷害，於是遊戲裡乾脆有人真的就以這個技能為主要傷害手段，讓敵人打自己，然後把傷害返還給對方，「刀客」甚至在一段時間裡成為最強的職業。

祕技

遊戲的祕技設計本質上是開發者視角的技能。

最早的遊戲祕技都是「彩蛋」，在雅達利 2600 上的魔幻歷險（Adventure）遊戲裡，輸入創作者華倫・羅賓奈特（Warren Robinett）名字的首字母可以進入一個祕密房間，這也是遊戲史上的第一個「彩蛋」。後來這些「彩蛋」就漸漸演變成了祕技。

早期的電子遊戲整體難度非常大，主要是為了延長玩家的遊戲時間，那時候的玩家選擇餘地少，見過的遊戲也少，只要有得玩就十分開心，對於難度不僅不敏感，甚至喜歡有挑戰性的遊戲內容。但這並不代表所有玩家都是如此，有些玩家並不喜歡難度太高的內容，而且哪怕喜歡高難度，也不意味著能挑戰高難度。這種情況下，遊戲就需要一個相對自由和滾動的難度調整機制，遊戲祕技就是這種機制。

所以，電子遊戲最早設計祕技是為了提供那些技術不夠的玩家體驗遊戲，另外，這也是一種驚喜機制，很多祕技並不是單純強化玩家，而是給玩家更多遊戲本體沒有的體驗。

遊戲史上最出名的應該是 KONAMI 科樂美的祕技，甚至英文裡專門創造了 Konami Code 來指代，這個祕技就是「上上下下左右左右 BA」。第一款使用這

個祕技的遊戲是 1986 年的射擊遊戲《宇宙巡航艦》，之後的《魂斗羅》《忍者龜 III：曼哈頓計畫》《勁爆熱舞》《潛龍諜影 2：自由之子》《惡魔城：闇影主宰 - 命運之鏡》等遊戲都使用了這個按鍵組合的祕技。甚至電影《無敵破壞王》還致敬過這個按鍵組合。

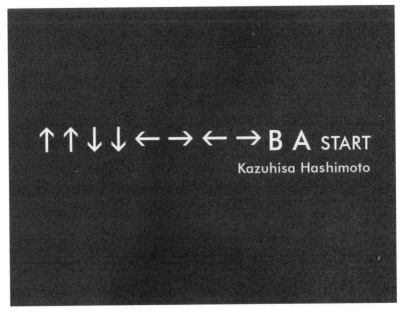

▲ 圖 6-10　這個祕技的設計者橋本和久於 2020 年 2 月逝世，
科樂美和全世界遊戲媒體都表示哀悼

暴雪也很喜歡在遊戲裡加入祕技，比如《星際爭霸》的「show me the money」和《魔獸爭霸 3》的「whosyourdaddy」都是遊戲史上的經典設計。

逐漸地，遊戲祕技也演變成了一種遊戲文化現象。但這些年在新遊戲裡越來越難看到祕技，核心原因還是開發者不希望遊戲玩家可以藉由某些方式打破原有的遊戲流程。同時，現在的遊戲難度設計也更加合理，不至於有嚴重「勸退」玩家的內容。

遊戲祕技本身對於遊戲產業來說並沒有太大的影響，不過，當遊戲開發者想到遊戲祕技存在可能性這件事，象徵著遊戲設計師脫離了最傳統的遊戲設計套路，開始站在一個全新的立場去思考自己的遊戲。

MEMO

7 任務

什麼是好的任務

電子遊戲之所以吸引人，是因為有明確目的性，不像我們的人生充滿了未知和迷茫。如果現實生活裡每天起床後，眼前出現一個詳細的任務清單，那麼生活應該容易得多。

遊戲裡的任務也是最難設計的一部分，甚至是多數電子遊戲的唯一缺點。這是因為遊戲裡的任務同時承擔了兩方面的作用：**做為任務需要有娛樂性，所以設計得有趣非常重要；另外，任務在大部分遊戲裡還要承擔敘事的功能，交代情節也是任務流程裡需要考慮到的。**有時這兩方面可能產生矛盾，這就使得任務的設計變得非常難。

在一些寫遊戲史的書裡會提到，電子遊戲的任務是隨著 RPG 一同誕生的，但顯然這種認知多少有些片面。事實上，從電子遊戲誕生起，任務就一直存在，只不過最開始是以一種隱性的方式。比如雅達利的《Pong》就有明確的任務，玩家要擊球是任務，要讓對方接不到球也是任務。在《俄羅斯方塊》裡，改變方塊落下的方向讓一整排消除是任務，不讓方塊填滿螢幕也是任務。只不過那時的任務並不像日後 RPG 裡描述得那麼詳細且複雜，這更像是遊戲裡需要玩家摸索的機制。

而隨著 RPG 的繁榮，遊戲任務的設計也變得越來越明確且健全。

我們首先總結一下為什麼遊戲需要任務：

1. 創造主線劇情和世界觀。相比單純的文字內容，循序漸進地加入任務，對玩家而言更容易接受，且能夠豐富敘事內容。

2. 讓玩家可以更融入角色。任務可以讓玩家對遊戲世界本身有更多的參與感，讓玩家在參與的過程中逐漸帶入角色，把自己當成世界中的一份子，這也是電子遊戲主要的魅力之一。

3. 烘托環境和氛圍。電子遊戲除了視覺氣氛以外，可以在任務中交代大量和周遭環境有關的內容，讓玩家感覺遊戲世界彷彿是真實存在。

4. 教學作用。在機制上，任務還要承擔開啟功能的作用，比如完成任務以後才可以解鎖某個功能，在過程裡有系統地讓玩家學習遊戲的操作和機制。

5. 引導動線。任務很容易使玩家在廣闊的遊戲地圖上無所事事、喪失方向感，卻也可以幫助玩家找到目的地，所以在開放世界遊戲裡，有相當多的任務是引導玩家前往某個目的地。

任務是重要的，又是可以高度歸納化的。

遊戲裡任務的獲取方式一般有五種：

1. 主線任務：在遊戲中讓玩家必須執行的任務，是遊戲的主要劇情。

2. NPC 觸發支線任務：從某個 NPC 上獲取的支線任務。

3. 區域觸發支線任務：從某個特定區域獲取的支線任務。

4. 物品觸發支線任務：拿到特定物品後獲取的支線任務。

5. 時間觸發支線任務：特定時間裡獲取的支線任務。

任務通常有下面九種完成方法：

1. 戰鬥：任務是必須完成某場戰鬥，但並不一定要勝利。

2. 收集：要收集某樣或多種物品，這也是網路遊戲裡最常見、最容易產生負面情緒的任務。

3. 對話：完成和某人的對話，這是常見的以推進故事為目的的任務。

4. 護送：護送某人或某物到達某地，通常會遇到一系列戰鬥。

5. 移動：玩家必須前往某個特定區域，《西遊記》裡的西天取經就是中國人熟知的移動任務。

6. 探索：探索新的地圖區域。

7. 摧毀：毀壞具體的物品或者建築。

8. 解謎：回答謎題。

9. 升級：玩家必須要達到特定的等級。

以上五種任務獲取方式和九種任務完成方法組合在一起，就形成了現今電子遊戲的大部分任務設計。但這只是最基本的設計方法，實際設計時需要考慮的細節還有很多。

讓玩家持續玩遊戲的核心動力，就是遊戲企劃不斷拋出一個個新線索，激發玩家的好奇心和勝負欲，這些線索最簡單的展現就是在任務和關卡上。網路小說或說書人的「下回分解」也是一樣的目的，就是為了吸引人持續關注。

所以好的任務和關卡設計一定要有明確的目的性，可以一直吊玩家胃口。

傳統 MMORPG 裡有大量解任務的機制，比如玩家等級提升到 100 級，需要擊殺一萬個小怪物，但是如果直接告訴玩家你必須殺掉一萬個怪物，那就太無趣了，所以就出現了很多擊殺十個或者五個怪物的小任務。

但這些設計多半都相當糟糕，因為還是缺乏一個明確目的。比如村長讓你殺十頭野豬，然後又要殺十匹狼，雖然對話裡可能會給你一個原因，但是過於缺乏代入感，這也是傳統 MMORPG 的瓶頸之一，即任務缺乏邏輯上的合理設計。我們玩遊戲是為了逃避現實生活中來自社會與家庭等沒完沒了的任務，但在遊戲裡還要完成各種瑣碎的任務，這顯然是有問題的。

《巫師 3：狂獵》的任務設計非常出色，有四點很值得參考：

1. 重複度較低，不會讓玩家覺得疲乏，大多數遊戲的支線任務比較屬於收集類的重複性工作。

2. 任務的產生和流程合乎邏輯，不會突兀地出現和結束。傳統 JRPG 就不是這樣了，有時會毫無邏輯地出現一個 NPC 要你去做某件事。

3. 支線任務的塑造很完善，NPC 不只是一個單純的讀稿機，每個 NPC 都有人物性格在裡面。

4. 任務在地圖上的環節設計非常合理，玩家不用多跑冤枉路。

但《巫師3：狂獵》的任務設計也不是沒有問題，甚至有個嚴重失誤，就是支線任務的整體時長過長，而且和主線任務的關聯性不強，和遊戲主線有明顯違和感。這方面更好的設計包括《柏德之門II：安姆疑雲》《碧血狂殺2》和《神諭：原罪2》，這三款遊戲的支線雖然也豐富且冗長，但是在劇情上和主線都是直接關聯的，甚至在支線裡會交代大量主線沒講清楚的故事，而在《歧路旅人》裡，支線甚至已經開始分擔主線的任務交代功能，遊戲的真實結局需要在支線內觸發。

對於多人遊戲，因為主線流程相對模糊，所以設計起來就變得更加困難。多人遊戲裡，好的任務一定要增強玩家的代入感，而最好的代入感是使命感。

《魔獸世界》裡的「安其拉之門」任務就是非常優秀的使命感設計，這個任務是《魔獸世界》裡的一大更新，加入了大量新的元素和遊戲內容。但是玩家並不能直接升級這個更新，必須透過自己的力量完成開門任務。和其它任務的區別在於，這個任務是以伺服器為單位完成的，需要整個伺服器所有玩家捐贈大量資源。也就是說，在這個任務開始時，每個伺服器的所有玩家都是戰隊成員，有了共同的利益，無論玩家是聯盟還是部落。

這就讓所有玩家有了明確的使命感：我如果完成任務，就等於幫助了整個伺服器的玩家。

好的任務還要有強烈的戲劇衝突。這一點，《魔獸世界》的「安其拉之門」任務也實現了。

在《魔獸世界》裡，幫助伺服器完成資源捐贈、並且在十小時內收集完成蟲皮的玩家，可以獲得「黑色其拉作戰坦克」。「黑色其拉作戰坦克」在遊戲內俗稱「黑甲蟲」，可能是《魔獸世界》遊戲史上最具紀念意義的坐騎。這個任務的觸發出現了一個外部條件——完成全伺服器的物資捐贈，以及一個內部條件——收集足夠的蟲皮。但這兩個條件是有可能產生矛盾的，如果一個玩家沒有攢夠蟲皮，就不希望伺服器完成捐贈，然而整個伺服器的蟲皮數量有限。也就是說，要累積足夠的攢夠蟲皮，需要人的配合和更長的時間。所以實際上，「安其拉之門」任務緊張且不容易，伺服器內部有各種對抗勢力存在，他們甚至會正大光明地搗亂。

這個任務甫在《魔獸世界》上線時，這種矛盾並不明顯，核心原因是玩家不清楚「黑甲蟲」的價值，也沒有深入研究過遊戲機制。而在《魔獸世界》的懷舊服《魔獸世界：經典版》裡，這個矛盾就被擴大化了。

另外，如果遊戲強調的是多人對戰，那麼只要目標明確，也是好的任務。比如《英雄聯盟》裡拆掉對方基地，成為《絕地求生》裡最後活下來的那一個。另外，《鬥陣特攻》裡的 MVP 也是一種多人制遊戲中的常見任務。

早期的日本 RPG 和歐美 RPG 在任務的設計上有明顯的區別。一是日本 RPG 有統一的任務中心，很多日本的穿越漫畫有類似勇者工會之類的設計，統一負責管理任務。早期的日本遊戲也是，大多數支線任務是有著統一管理和分配的。而歐美 RPG 的支線任務、甚至主線任務，都有偶發性因素存在，可能在一個你認為沒任務的地方突然就出現了任務。二是日本 RPG 對任務目的描述更具體，多數情況下會明確地告訴你去哪裡找誰說話或者要買什麼東西。而歐美 RPG 的任務描述更喜歡宏觀敘事，你每次要閱讀大量問題，然後從中分辨真正的任務內容，換言之，歐美 RPG 的任務在提供任務的同時，還承擔了更多的敘事功能。

後來歐美和日本 RPG 的任務系統進行了一次絕佳融合，現在我們已經看不到遊戲裡有專門的任務中心了。而任務的提示也更加明確，尤其是在大部分網路遊戲中，任務的提示直接分成兩部分，一是承擔敘事的背景描述，二是明確告訴你要做什麼。

學過戲劇的人可以找到一個很好的譬喻，遊戲裡的任務對應了戲劇裡的一場，而系列的任務就對應了戲劇裡的一幕。

網路遊戲的每日任務

無論是點數卡制、月費制的網路遊戲，還是「課金制」的網路遊戲，其核心盈利模式都完全不同於傳統買斷制的單機遊戲。最大的區別在於，網路遊戲需要玩家持久地參與，在線時間越長，公司的直接收益就越高。所以，在網路遊戲誕生初期，所有公司都在研究怎麼能夠讓玩家每天打開自己的遊戲。這就有了每日任務。

即使沒有玩過網路遊戲，應該也不難理解每日任務。網路遊戲的每日任務就相當於我們現實工作中的打卡上下班，每天需要在要求的時間內打卡上下班，才可以拿到當天的薪水。

每日任務也是這種機制下的產物，所以每日任務本質上是網路遊戲商業化行為的一種產物，並不完全是傳統遊戲設計思路的延續。

常見的每日任務遵循四種設計原則：

1. 在遊戲初期就要存在，一直延續到遊戲生命周期結束。每天必須都有每日任務，否則就無法讓玩家養成固定習慣。

2. 每日任務只能限量，否則很容易導致玩家藉由每日任務「刷資源」的情況。

3. 每日任務的獎勵一般不涉及非常強力或者罕見的裝備，基本是遊戲的一般消耗資源，或者保底裝備。

4. 每日任務不會脫離遊戲的核心玩法和核心設定。

《英雄聯盟》的首勝獎勵是一個非常典型且設計優秀的每日獎勵，玩家只要在遊戲裡取得一場勝利，就可以獲得遠多於其它場次的獎勵。「首勝」的設計也非常巧妙，一方面是只需要一次獲勝，這對於玩家來說負擔很小，甚至大亂鬥等羽量級的遊戲模式也可以，所以完成任務並不會非常難；另一方面是強調獲勝，這可以讓玩家認真對待這場遊戲，不會因為失敗也可以獲得獎勵就提前放棄。事實上很多電子遊戲的獎勵是和場次有關，若無關勝負的，就會導致一批玩家瘋狂地在遊戲內刷場次，但並不在乎勝利與否。

另外一個很好的每日任務設計來自《爐石戰記》。在《爐石戰記》裡，玩家很容易陷入單一英雄、單一卡組的窘境，當習慣了同一套搭配以後，玩家就不願意更換內容了。但是《爐石戰記》的每日任務獎勵極高，並且獎勵內容經常會強迫玩家更換英雄，玩家只要想獲得每日任務獎勵，就必須考慮卡組和英雄的多樣性，這種任務設計也使得玩家不會輕易對遊戲內容感到厭倦，並持續保有新鮮感。但暴雪顯然只發現了這種設計是優秀的，卻沒考慮是否所有遊戲都適合這種每日任務。《暴雪英霸》裡採用了類似的日常任務設計，強制玩家

使用新英雄參加比賽才能獲得每日任務獎勵。但《暴雪英霸》是一款五對五的多人對戰遊戲，玩家如果使用新英雄比賽，確實可以獲得鼓勵，但其他四名玩家可能會因為新英雄落敗而一同遭殃。更重要的是，《暴雪英霸》的每日任務設計就是不考慮勝利與否，只要求英雄參加比賽就可以。顯然，這種做法會使之前提過的情況惡化。

▲ 圖 7-1　《爐石戰記》裡會強制玩家使用其他英雄

▲ 圖 7-2　《暴雪英霸》也會強制玩家使用不熟悉的英雄，
但在多人遊戲裡，這種體驗並不好

可見每日任務並不全是優點，而且現在大部分遊戲裡的每日任務都是缺點。

現在大多遊戲的每日任務機制設計得過於複雜，甚至被大多公司所濫用。大量毫無代入感的每日任務被硬塞給玩家，並且任務的成本也越來越高，在無形中「勸退」玩家。

為什麼我們點外送要湊單

我們在日常生活裡到處都有任務，有些任務很容易讓人接受，有的則相反。

與遊戲化相關的書籍會解釋有個重要的原因是動機，**一般情況下，內在動機要比外在動機更容易被接受**。內在動機指的是發自內心、而不是被他人強迫的動機，比如餓了吃飯要叫外送是內在動機，為了省錢而湊單也是內在動機。心理學裡有個概念叫做「目標梯度效應」，比如當你在星巴克還差一杯咖啡就要升級的時候，就會有動力去買。同樣，外送要湊單也是這種效應的典型例子。外在動機是你明明不餓，不想吃東西，但是有人促使你必須要點外送，還要點個貴的，否則就不算完成任務。顯而易見，這種任務的設置就相當糟糕。

遊戲相關書籍大都是講「怎麼借鑑遊戲中的遊戲化機制，並將其用在生活裡」。但我們也可以反過來從現實生活中出發，去思考遊戲機制怎麼設計，這也是一種很好用、但常常被忽視的遊戲設計策略。

從現實生活出發，遊戲裡有三種非常典型的內在動機設計：

1. 我要看故事後續：這是一般 RPG 最常用的手法，或者說是傳統電視劇最常用的手法，在每集電視劇的最後給觀眾留下下一集的線索，吸引觀眾繼續看後續內容。

2. 我要獎勵：在現實生活裡獲獎以後有獎勵是理所當然的，獎勵也是驅使玩家在現實中完成挑戰的主要動力，比如年終獎金和績效獎金。遊戲中最常見的是高等級裝備的獎勵，玩家在遊戲裡頻繁地打同一個地方或者敵人，無非是希望獲得更好的裝備。

3. 我要比別人更強：現實生活中，對於一部分人來說，超越別人本身就是有吸引力的一件事。而多數網路遊戲建立在這一點上，這也是多人遊戲的誘惑力，但並不是單人遊戲就沒有這種機制，最早的《鐵板陣》《小精靈》《大金剛》等遊戲的積分系統也是用來向其他人炫耀的。

　　絕大多數遊戲能夠讓玩家持續玩下去是靠著這三點，書裡的大部分機制也可以歸納為這三點中的其中之一。

8 合作和對抗

合作

自電子遊戲出現至今，從業者們就一直在探究多人合作玩遊戲的可能性。網路遊戲普及後，多人合作遊戲已經成了遊戲市場的主流，玩家們也發現，相較於單機遊戲，多人遊戲本身就有著特殊的魅力。

在遊戲企畫領域，有一個名為「拉札羅的四種趣味元素」理論，這四種趣味元素分別如下：

- 簡單趣味（Easy Fun）：玩家對新鮮事物感到好奇而產生的趣味。

- 困難趣味（Hard Fun）：玩家挑戰某個障礙產生的趣味。

- 他人趣味（People Fun）：與朋友一起遊戲，透過合作、競爭、溝通和領導帶來的趣味。

- 嚴肅趣味（Serious Fun）：為玩家創造價值的趣味。

其中，他人趣味被認為帶來情緒上的變化比其他三者加起來還要多，這也是多人遊戲受歡迎的原因。類似方向的研究大多提供了一樣的結果，人類對多人遊戲本身是有根本性訴求的。

許多玩家對紅白機的共同回憶之一，就是南夢宮的《坦克大戰》。這款遊戲最大的魅力就是多人合作，家人和朋友一起玩遊戲帶來的快樂是單人遊戲無法比的。日後任天堂也靠著家庭遊戲的思路奪回家用遊戲機市場，以任天堂的邏輯，真正好的遊戲應該是全家人一起坐在電視機前玩的。

而真正證實了多人遊戲價值的還是網路遊戲的普及，網路遊戲讓玩家在虛擬世界裡開啟了一群人的冒險。

早期的網路遊戲，從《網路創世紀》到《傳奇》，整體的遊戲機制設計缺陷很大，一方面是缺乏足夠豐富的遊戲內容，玩家在遊戲裡很容易陷入無所事事、不知道自己要做什麼的情況；另一方面是當時遊戲的平衡性拿捏不當，不是太簡單就是太難，也沒辦法靠著遊戲性吸引玩家。但事實上，那一批遊戲依然有很多的玩家和很高的留存率，甚至在發展過程中建構了日後網路遊戲的核心玩法和規則。當時的玩家之所以可以堅持在那些遊戲裡，多人遊戲本身就是原因。

▲ 圖 8-1　《坦克大戰》是玩家對紅白機遊戲最主要的回憶之一

　　網路市場一直有個重要概念：社交，BBS 之所以受歡迎是因為可以社交；QQ 之所以能夠占領中國的網路市場也是因為它的社交功能。而多人遊戲就是一種重要的社交場所。所以多人遊戲只要有社交場所的屬性，就一定會有玩家，哪怕遊戲的核心玩法有缺陷，也不影響這一點。當然，隨著社交方式的選擇越來越多，玩家對於遊戲內容的要求也會越來越嚴格。

　　但網路遊戲鼓勵社交的做法一直沒有變，大多數遊戲提供了複雜的功能刺激玩家在遊戲內社交，提高遊戲玩家的留存率。在網路遊戲裡，適度地鼓勵多人合作遊戲可以提升整體的活躍性，比如《陰陽師》中，玩家組隊通關副本時，副本掉落率會增加，所以玩家就更加傾向於幾人一起玩遊戲。除此以外，大部分遊戲裡的公會系統也具有類似的作用，玩家在遊戲裡組成了類似大家庭的公會以後，對公會本身就有了責任感和歸屬感。

　　簡單來說，現在網路遊戲之所以明顯依賴社交，源於以下幾點原因：

1. 遊戲內的玩家互相交流，產生情感維繫，提高整體的留存率。而留存率高，後續的費用可能也會更高。

2. 玩家之間互相比較與競爭。

3. 遊戲的社交體驗做得好，可以幫助遊戲從其他社交軟體上得到新的使用者。

遊戲內常見的社交關係一般有五種：

1. 好友：最基本的社交關係，兩人互加好友就可以交流。

2. 隊友：在一起組隊的人，可能是好友，也可能是系統隨機指派的，但至少在這一次遊戲內利益是相關的。

3. 師徒：老玩家帶新玩家的一種社交關係，老玩家有責任感並可以獲得獎勵，也可以幫助新玩家更快提升。

4. 幫派／公會：遊戲內更大的機構，有內部任務，內部人的利益是綁定在一起的。

5. 夫妻：曾經是網路遊戲很喜歡做的一種關係，讓兩個人的利益完全綁定。

對於網路遊戲來說，社交功能的好壞甚至影響到遊戲的成功與否。

但過度的合作也有可能帶來負面反饋，例如《暴雪英霸》之所以沒落就是過度強調了團隊合作，團隊內共用經驗的設計強行讓同隊的玩家在同一個水平線上。**最好的團隊遊戲應該是團隊保證平均水準，而上限可以靠自己來操作**，比如 DotA2 裡的「養一號位」，《英雄聯盟》裡的「養後期核心」和《王者榮耀》的「養豬流」。

有些玩家會說《暴雪英霸》的這個設計是好的，只是玩家不喜歡。但只要玩家不喜歡，就無法稱之為好。在遊戲企劃和產品設計方面，永遠不能想著教育玩家和市場，而是要發掘他們的根本需求。**對於網路遊戲來說，自己玩得開心才是多數玩家的根本需求**，想要扭轉這個思路是違背人性的。所以有人總結過這個現實：**團隊遊戲之所以好玩，是因為它是一個團隊遊戲；團隊遊戲之所以不好玩，也是因為它是一個團隊遊戲。**

類似的遊戲還有《荒野亂鬥》，Supercell 作為曾是世界上最賺錢的手機遊戲團隊，遊戲的細節設計相當出眾，但是無論在國內外，熱度退得很快。這背後最核心的主要原因就是**《荒野亂鬥》也是一款壓制了個人英雄主義、放大團**

隊缺點的遊戲。在團隊遊戲裡需要盡量避免「我的隊友為什麼這麼弱」這種情緒，更好的情緒表達是「為什麼我不夠強」。這樣玩家才會願意努力提升自己的強度。若總是被隊友嫌棄的話，玩家就很容易放棄遊戲。

團隊合作很容易產生負面情緒，尤其是在交流環節。《王者榮耀》和《英雄聯盟》都是在交流環節過度自由的遊戲，自由的文字雖然方便交流，但也放大了可能產生的矛盾和衝突。在多人遊戲裡，有的時候不給團隊交流的機會，效果反而可能更好，如果和朋友「開黑（語音）」玩遊戲，完全可以用其他軟體交流；如果和陌生人玩遊戲，大部分情況下的交流都是負面反饋，更何況許多玩家並不喜歡交流。比如《斯普拉遁》這款遊戲最被玩家喜歡的要素，可能是遊戲過程中沒有任何交流功能。類似的《荒野亂鬥》也沒有交流機制，這也是《荒野亂鬥》意識到需要弱化團隊負面影響而採取的一個措施。

當然，《斯普拉遁》的做法有點絕對，完全不交流也會帶來一些問題。現在比較好的做法是戰鬥標記功能，其中做得最好的是《Apex 英雄》，《Apex 英雄》的戰鬥標記內容豐富，而且可以標記在視野範圍內，幫隊友提示絕大多數的戰術內容，還不會引起爭議。

好的交流系統應該一方面可以讓玩家順利地取得遊戲內的必要資訊，另一方面還無法讓玩家互相攻擊、辱罵和傳遞負面情緒。

▲ 圖 8-2　《Apex》裡的標記系統可以反饋實用資訊，
且不會產生影響其他玩家的內容

對抗和挑戰

有合作自然就會有對抗，對抗是比合作更加吸引人的機制，人類的好勝心是與生俱來的。傳統的遊戲——那些傳統體育項目，都是以對抗為核心的，甚至溯源到古羅馬競技場和古代中國的打擂臺，都是為了對抗。我們最熟悉但經常被忽視的對抗是猜謎，早在秦漢時期就有「射覆」和「隱語」兩類謎語遊戲。射覆是猜物品的遊戲，隱語就是字謎。

電子遊戲一開始也是如此，《Pong》就是一款一對一的對抗遊戲，即使像《俄羅斯方塊》這種單機遊戲，也是玩家和電腦對抗。在網路遊戲企劃間，有個被認為是金科玉律的結論：**網路遊戲的一切機制最終都要回歸對抗。**

常見的對抗分為兩種：直接對抗和間接對抗。直接對抗比較好理解，棋類遊戲都是，從圍棋到象棋，都是正面面對其他人的對抗競賽，傳統體育項目也是如此。間接對抗比較常見的是以積分形式呈現，幾個人完成同樣的任務後再比較積分。

間接對抗經常忽略一點，早在二十世紀 80 年代，有積分榜功能的遊戲也是多人對戰遊戲，哪怕積分榜上只有一個人，也可以算是多人對抗，這種對抗是不同時間點上的互相對抗，自我挑戰同樣是一種挑戰。

在網路遊戲剛開始的年代，主流基本是 MMORPG，後來陸續出現了其它遊戲類型。直到近年來，遊戲企畫也意識到絕大多數的遊戲可以多人化，比如傳統的休閒遊戲《貪食蛇》和《俄羅斯方塊》都有多人版的，並且取得了不錯的數據。只要設計合理，任何遊戲都有多人化的可能，並且可以做得十分吸引人。

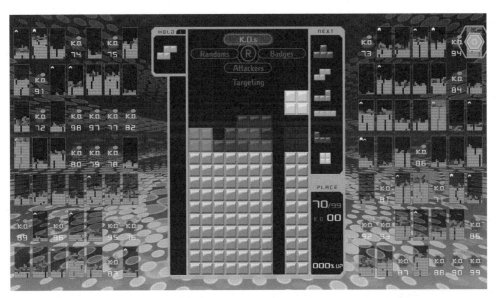

▲ 圖 8-3　《俄羅斯方塊》也有了多人遊戲，支援 99 人一同遊戲和對戰

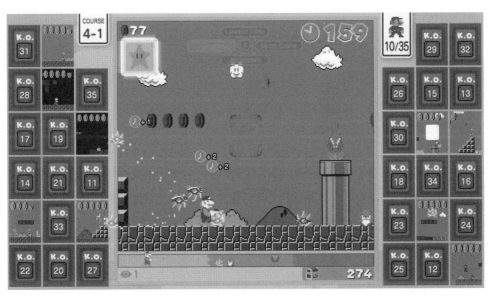

▲ 圖 8-4　《超級瑪利歐兄弟》也有了多人版──《超級瑪利歐兄弟 35》

多人遊戲之所以吸引人，最重要的原因是刺激了玩家的好勝心。

對於多數網路遊戲玩家來說，遊戲本身有著非常重要的目的性。這個目的不是賺錢，也不是社交，而是發洩。大部分遊戲玩家是把網路遊戲當作超越現實的工具，在遊戲裡體驗現實中沒有的成就感，品味現實世界裡無法享受的生活。

這也是網路遊戲會非常強調對抗的原因，無論是各種榜單的設計，還是遊戲裡大量鼓勵玩家之間 PK 的內容都是服務於這個群體。

這甚至是東亞玩家的共同情況，韓國和日本玩家也相對更加偏愛有對抗元素的遊戲。早在日本街機遊戲受歡迎的二十世紀 80 年代到 90 年代，到電子遊樂場去挑戰別人的分數就是日本最早的電子競技比賽。

多人遊戲的對抗還有另外一個很重要的概念，這要從電影說起。

電影行業有一個廣為人知的名詞叫做麥高芬（MacGuffin），指在電影中可以推理劇情的物件、人物或目標，例如爭奪的東西等。知名電影導演希區考克說：「在驚悚片中，麥高芬通常是項鍊；在間諜片中，麥高芬通常是文件。」

多人遊戲裡也必須有類似的麥高芬設計，這一點被很多遊戲設計師忽視，在這裡姑且稱它為「王淑芬」。

那到底什麼是「王淑芬」？「王淑芬」就是多人遊戲裡的矛盾點，玩家會因為「王淑芬」大打出手。

《魔獸爭霸 3》提供了豐富的地圖製作功能，玩家可以自由訂製自己想要的地圖。但在早期《魔獸爭霸 3》玩家製作的地圖裡，只有少量地圖真正竄紅。比如 DotA，大部分地圖完全沒人玩，這些沒人玩的地圖就缺少了「王淑芬」。像玩家喜歡的失落的神廟（Lost Temple）地圖就有很典型的「王淑芬」設計，失落的神廟裡資源分布非常平均，每個玩家周圍的資源都是相似且有限的，而這種相對平等且有限的資源分配就導致玩家很容易藉由侵占資源來獲勝，而被迫進行戰鬥。事實上，失落的神廟這個地圖在《星海爭霸》時代就有，而且一直是非常熱門的地圖。而 DotA 之所以紅，也是因為遊戲裡有強制出現的兵線，讓玩家不得不想辦法清理掉它。

經濟學裡有個概念叫做「公地悲劇」，意思是一個資源如果可以被所有人使用，那麼這個資源一定會被耗盡，並且沒有人願意對此負責。衍生出來的就是當一個資源可以被所有人使用，那麼這個資源就一定會引起衝突，這就是遊戲裡非常典型的「王淑芬」。

在 S5 到 S7（第五到七賽季）時期，《英雄聯盟》的整體遊戲節奏非常緩慢，這個時期的主流玩法是以韓國俱樂部為代表的經營打法，透過一點一滴地侵占資源來取得勝利，在這個過程裡是有「王淑芬」存在的，比如玩家「補兵」會產生資源，所以「補兵」過程也會產生衝突。但事實上，韓式經營的機制完全忽略了這些小「王淑芬」，韓國人能夠避免一切不合理的戰鬥。這種經營打法導致了遊戲的整體節奏非常緩慢，對觀眾十分不友善，觀看人數也明顯下降。於是，Riot 公司在之後的兩年時間裡做了大刀闊斧的改革，最為重要的三點是防禦塔鍍層、峽谷先鋒的加入和對小龍的修改。

防禦塔鍍層機制是在前十四分鐘內進攻塔，會獲取額外的金幣，這些金幣對於對線期來說是一筆巨大的財富，很難被忽視。大部分情況下，透過防禦塔鍍層機制建立出來的經濟優勢在中後期是很難抵消的。

峽谷先鋒是遊戲裡新增的一個中立野怪，只在前二十分鐘出現。當玩家擊倒峽谷先鋒以後，可以召喚峽谷先鋒為我方所用。但峽谷先鋒不會攻擊敵人，只會一頭撞向防禦塔，配合鍍層機制可以獲取大量金幣。在原來的遊戲裡，小龍主要提供金錢獎勵，但是這個獎勵相對較弱，而新的小龍機制加入了永久性的增益效果，而且屬性明顯提升。因此，如果前期放棄小龍的增益，即使進入後期也很難翻盤。

防禦塔鍍層提供了前十四分鐘的「王淑芬」，玩家必須在這十四分鐘裡盡可能獲取「塔皮」，發動衝突；峽谷先鋒是可以放大防禦塔鍍層收益的「王淑芬」，如果在前十四分鐘內拿下，可以獲取大量收益；小龍是每五分鐘出現一次的「王淑芬」，玩家又必須圍繞小龍做戰略部署。

這三個修改使遊戲的整體節奏非常快，也明顯提升了觀看性，當然也間接削弱了韓國俱樂部的整體實力。

《斯普拉遁》是一款「王淑芬」系統設計得相當出色的遊戲，遊戲的勝負條件是結束時玩家油漆覆蓋的面積，而遊戲裡除了可以噴漆以外，更重要的是互相攻擊，敵方死亡之後可以為我方爭取噴漆的時間。這就讓遊戲產生了三個「王淑芬」：有限的時間，倒數計時給玩家製造緊張感；擊倒敵方玩家，因為你不擊倒對方，對方就會想盡辦法擊倒你；噴漆，最終獲勝條件是噴漆的面積。相比其他 FPS 遊戲，《斯普拉遁》缺乏明確的職位分工，這讓一些玩家覺得策略深度不足，但事實上因為存在三個「王淑芬」，玩家被迫要在一定時間內做出複雜的決策。

▲ 圖 8-5 《斯普拉遁》是一款射擊遊戲，但是最終勝負的判斷條件是油漆的面積

　　整體來說，好的「王淑芬」要滿足兩個條件，**一是讓玩家不得閒，二是讓玩家有明確目的性**。多人遊戲只有做到這兩點，才能保證玩家一直對遊戲有興趣。

　　多人遊戲裡的對抗本質上都是零和遊戲[①]。經濟學裡有一個概念叫做「帕雷托最適（Pareto optimality）」，一個玩家所獲得的是從另外一個玩家手裡掠奪

---

① 一項遊戲中，遊戲者有輸有贏，一方贏正是另一方輸，而遊戲的總成績永遠為零。

來的，這叫作「帕雷托交換」，你的獲取並沒有影響其他人，就稱為「帕雷托改善」。當一個系統設計到不會再產生帕雷托改善，我們就稱這個系統為帕雷托最適，之後任何一次系統內的交換行為一定會侵害一部分人的利益，例如玩家在《文明帝國》裡占領所有空白區域，之後就是帕雷托最適的情況。在合作遊戲裡帕雷托最適就是系統的最佳解方，而在對抗遊戲裡，帕雷托最適顯然不是一種好的情況。在多人遊戲的資源模型裡，經常需要考慮你需要的帕雷托最適的時間點，一個合理的設計能夠良好地控制遊戲的節奏感和平衡性。

關於對抗有一點很值得注意，**對抗遊戲需要永遠給玩家翻盤的希望，否則就會產生一種典型的滑坡效應**[2]。玩家會覺得自己無法贏得比賽，乾脆自暴自棄。前文提到過的負反饋效應就是需要提供給玩家的。

RTS（Real-Time Strategy，即時戰略）遊戲裡最為經典的翻盤設計是人口限制，比如《星海爭霸》裡就有人口數為 200 的限制，而《魔獸爭霸 3》裡的「補給需求」（Upkeep）機制除了把人口數限制降低到 100，還加入了更複雜的機制：當人口數大於 50，礦物收益下降 30%；人口數超過 80，礦物收益則再下降 30%，藉由限制優勢方的人口，來為劣勢方創造翻盤的機會。前文提到過「公地悲劇」，關於這個理論，現在普遍認為的解決方法就是懲罰濫用行為，稅收制度裡對有錢人收更高的稅也是類似的意思，《魔獸爭霸 3》裡的人口數限制懲罰也是如此。聊個題外話，《魔獸爭霸 3》維護費用的設計非常科學，堪稱 RTS 遊戲裡的設計典範。除了給劣勢方翻盤的可能外，還鼓勵玩家前期盡可能地作戰，加快遊戲整體節奏，提高觀賞性，同時減少遊戲裡可控制的單位，凸顯了英雄的強勢，而英雄也是《魔獸爭霸 3》的主要特色。

MOBA 類遊戲的翻盤設計靠的是公共資源。《英雄聯盟》裡的大龍和遠古巨龍之所以設計得那麼強，一是為了讓優勢方提早結束比賽，另外也是為了讓劣勢方時時保持可以透過搶龍翻盤的希望，DotA2 裡的復活盾和乳酪也具有類似的效果。當然，對於優勢方來說，拿到這些公共資源反而會使對方更難翻盤。這種公共資源就是典型的雙面刃，雙方都有機會。

---

[2] 一旦開始便難以阻止或駕馭的一系列事件或過程，通常會導致更糟糕、更困難的結果。比如撒個小謊往往會導致滑坡效應、從而說出更大的謊言。我們的大腦也會適應這種說出更大謊言的情況，使得撒謊變得更容易。

《胡鬧廚房》裡合作帶來的對抗

　　《胡鬧廚房》（Overcooked，舊譯《煮過頭》）是由獨立遊戲開發商 Ghost Town Games 製作的廚房模擬遊戲，和眾多大作比，這款遊戲在市場上的影響力並不強，但是吸引了大批玩家。因為這款遊戲獨特的機制，也被稱為「分手廚房」。

▲ 圖 8-6　《胡鬧廚房》系列的遊戲機制是為了讓有共同利益的玩家發生衝突而設計的

　　遊戲市場上有一種非常另類的多人遊戲，叫做聚會遊戲，指的是那些親朋好友可以一起玩的遊戲。

　　多人遊戲裡，**熟人一起玩和跟陌生人玩的邏輯是截然不同的**。舉個最簡單的例子，《真心話大冒險》是一款非常典型的熟人遊戲，參與者互相試探下限，如果是陌生人玩就很容易生氣，但是熟人玩反而能增進友誼。《胡鬧廚房》就是這種遊戲，如果和陌生人玩很容易產生負面反饋，但是和熟人玩就會增進感情。雖然被戲稱為《分手廚房》，最多也就是鬥嘴這類朋友間正常的情感溝通。

在這個基礎上，《胡鬧廚房》還有一個更精彩的設計，多人合作遊戲一般認為遊戲性來自合作的成功，但事實上《胡鬧廚房》正好相反，越沒有默契的幾個人玩，遊戲性越強。

聚會遊戲和競技類遊戲有非常明顯的區別。

聚會遊戲最重要的是創造話題，遊戲過程裡要能產生讓參與者記憶猶新的回憶，進而成為好友們的話題。所以**聚會遊戲越是容易產生不可控的過程就越成功，而電子競技遊戲是絕對不能出現過程不可控的情況的**。聚會遊戲不怕內容過於「無厘頭」，內容的嚴肅性也毫無意義。

《胡鬧廚房》同一團隊的作品《胡鬧搬家》也使用了類似的遊戲機制，但還有些不同。《胡鬧搬家》裡可以互相「呼巴掌」，我第一次和朋友玩教學關時，我們互相「呼」了半個小時，仿彿這才是這款遊戲的真實玩法。在體驗了這款遊戲的完整流程後，我突然理解了為什麼要加入「呼巴掌」這個《胡鬧廚房》裡沒有的功能，因為搬家產生的前後關係並不強烈，所以在遊戲過程中兩人配合失敗的衝突不如《胡鬧廚房》裡的強，加入呼巴掌基本就是為了增強這種衝突感。無厘頭氛圍的營造，讓這裡的一切都變得合情合理。

多人連線遊戲的配對機制

在開發多人遊戲時，開發者經常會忽視多人遊戲的一個最重要的問題：玩家如何才能找到合適的對手？

這裡的合適指的是雙方的戰鬥力勢均力敵，無論隊友的實力是高於自己還是低於自己，玩家的體驗都不好。所以**對於多人連線遊戲來說，找到合適的隊友比遊戲本身好玩與否可能更加重要**。比如《荒野亂鬥》的配對機制就相當糟糕，甚至沒有區分段位，很多獎盃差距甚大的玩家都能配對在一起，這也是遊戲勸退玩家最主要的因素之一。

可以為玩家找到合適隊友的是最常見的隱藏分機制。

《英雄聯盟》和《王者榮耀》都有一個知名的「MVP 懲罰」機制，意思是當你一個人玩了幾場勝率高且數據漂亮的遊戲時，系統一定會給你配對到一些戰績很差的隊友。這種設計本質上是為了平衡遊戲的勝率，讓每個人的勝率盡可能趨同於 50%，也就是一般玩家所謂的 ELO 等級分制度[3]，或者說隱藏分。但事實上，這個機制和現有的排位機制是有明顯衝突的。**排位機制的存在本來就是為了為不同水準的玩家畫分出合適的位置**，但是該系統又要讓勝率接近 50%，這反而影響了排位機制的合理性。理論上，玩家如果水準高過現在的段位，就升到更高等級；如果水準低於現在的段位，就降到更低等級；如果適合現在的段位，自然就是 50% 勝率。

所以，理論上只要段位的升級機制是合理的，那麼這種系統就不應該存在於排位機制裡。

《英雄聯盟》很早就意識到了這個問題，所以在排位賽，尤其是單雙排裡明顯弱化了這個系統的影響，甚至在排位裡可能已經沒有這個系統存在。而在《王者榮耀》裡，這個機制依然存在於排位裡，玩家怨聲載道。《王者榮耀》的玩家甚至已經整理出規律，如果你在連勝後遇到特別坑人的隊友，那麼就放下手機去休息，明天繼續打，這麼做是因為《王者榮耀》的 ELO 系統有時間限制，在一定時間過後數據就會清零，所以也有玩家戲稱這個系統存在的意義是防沉迷。

除此以外，排位應該要是一個頻繁更新的動態系統。《爐石戰記》就出現過系統更新緩慢導致排位系統出現負面反饋的情況。2019 年以後，《爐石戰記》出現了大批天梯高分段玩家到達高段位置後就放棄遊戲的情況。隨著這種玩家越來越多，剩下還在玩的高分段玩家就遇到了一個非常糟糕的情況。一是很難配對到合適的玩家，因為和自己分段相近的玩家數量越來越少，而有人占據了這

---

[3] 由匈牙利裔美國物理學家阿帕德·埃洛（Arpad Elo）建立的一個衡量各類對弈活動水準的評分法，是當今對弈水準評估所公認的權威方法，被廣泛用於國際象棋、圍棋、足球、籃球等運動。ELO 排名系統是基於統計學的一個評估棋手水準的方法。美國國際象棋協會在 1960 年首先使用這種計分公式。由於它比先前的方法更公平客觀，所以很快就流行開來。1970 年國際棋聯正式開始使用這個系統至今。絕大多數電子遊戲使用的也是這套演算法，因為涉及大量數學知識，不在此詳述，有興趣的讀者，可以嘗試閱讀美國國際象棋聯盟積分計算方法的論文「The US Chess Rating system」。

個分段，導致其他玩家也上不來，所以哪怕高分段玩家想玩遊戲也找不到隊友，導致惡性循環；二是系統給玩家配對一些分段較低的玩家，保障高分段玩家還可以玩到遊戲，但結果就是高分段玩家能配對到的全是分數遠遠低於自己的玩家，先不說遊戲的對抗性差，重要的是會面臨極高的風險，贏了遊戲獎勵極少，輸了以後的懲罰卻很大。這一切產生的原因就是遊戲缺乏一個較快的自然掉分的過程、以及對那些已經棄玩玩家的懲罰機制。

《英雄聯盟》的團隊分工

早在《龍與地下城》桌遊時代，遊戲角色就有了明確的分工，起初為戰士、法師、武僧、盜賊。

進入電子遊戲時代以後，最常見的是「戰法牧體系」，即戰士負責承受傷害，法師負責高額輸出，牧師負責補血。雖然看起來是三種職業，但背後的意思其實是團隊的每個人有明確的分工：承受傷害、提供輸出和輔助。這是團隊配合一定要面對的責任劃分。

事實上，很多遊戲曾經嘗試過顛覆這種職業劃分模式，比如《劍靈》和《天涯明月刀》早期的職業劃分都不明顯。但是在後續的發展裡，又逐漸變成了類似戰法牧的體系。

除了更好分工以外，明確的責任還可以滿足不同玩家對於遊戲內容的喜好差異。這裡有個關於《星海爭霸》的題外話。《星海爭霸》之所以是遊戲產業的教科書，有個很重要的原因，在此之前的 RTS 裡，不同的種族或者勢力實際上只是換了膚色，但《星海爭霸》真正意義上做到了不同種族有完全不同的遊戲方式。這也是一種針對不同玩家給予不同定位和習慣選擇的設計思路。

在 MOBA 類遊戲裡，這種差異更加明顯一點。

《英雄聯盟》一直在盡可能平衡不同位置玩家的遊戲體驗。

《英雄聯盟》可以做到比 DotA2 吸引更多的玩家，也是因為團隊職責劃分明確，DotA2 裡的職責是按照資源獲取去區分的，從一號位到五號位，而《英雄聯盟》是按照職責劃分的，具體如下：

1. 上單：以坦克和戰士英雄為主，主要工作是開團和為團隊承受傷害。

2. 中單：以法師、刺客、支援型英雄為主，主要工作為前期幫助邊路，或者後期承擔主要法術輸出。

3. 打野：以坦克、刺客等帶動遊戲節奏的英雄為主，主要工作為前期帶動遊戲節奏或者中後期開團。

4. ADC：以射手類英雄為主，後期承擔團戰的持續輸出。

5. 輔助：以保護和開團型英雄為主，主要工作為保護 ADC、做視野，部分英雄也要承擔團戰開團的工作。

長時間裡，多數玩家、甚至從業者認為，這種強制劃分遊戲內角色的做法是非常差的，因為降低了遊戲的戰術複雜度，但就現實來看，這反而是相當出色的設計。其最重要的結果有兩個：**一是讓玩家有更加明確的責任分工，在遊戲內的目的性更強**，玩家可以根據自己的喜好選擇不同的位置，在遊戲開始後也可以按照自己的位置完成明確的工作，這和現實世界裡的工作劃分是一樣的，老闆越明確地告訴你要做什麼，工作越容易做好；**二是避免了 DotA2 裡的「五號位效應」**，因為遊戲內的資源是有上限的，所以 DotA2 裡的五號位不得已只能不吃任何資源，這對於五號位玩家來說是非常糟糕的體驗，因此大部分情況下是新手玩五號位，這就導致新手玩家的體驗非常差，團戰完全沒有參與感。事實上，我周圍大部分 DotA2 新手玩家是在被迫玩了幾十場五號位後覺得毫無遊戲體驗所以放棄遊戲的。

群體博弈理論裡有一個概念被稱為「自願者困境」，意思是當一個人選擇犧牲自我的部分利益時，會給其他玩家帶來龐大利益，但這個人沒有任何收穫，如果這個人不這麼做，那麼所有人要一起受到損害。多人遊戲應該從根本上避免這種情況出現，遊戲內的輔助雖然犧牲了自己的利益，但是一定要有所補償。

這裡有個題外話，DotA2 還有一些機制對新手也非常不友善，比如 DotA2 的反補機制會導致新手玩家在面對較高水準的玩家時，會短暫形成經濟上大幅落後的局面；DotA2 的道具有很多主動釋放的技能，讓玩家在後期有更大的操作餘地，但主動釋放的技能越多，新手和高級玩家之間的差距也會越大，而《英雄聯盟》通常一個英雄能出到兩個主動釋放技能的裝備，就已經十分少見了。所以上述種種的 DotA2 機制，決定了遊戲對於高手玩家或者至少同水準玩家來說十分友善，但是絕大多數玩家很難保證在遊戲過程裡可以遇到水準相似的隊友，這就形成了強烈的新手勸退效應。

回到《英雄聯盟》。

起初《英雄聯盟》的輔助位也要承擔類似 DotA2 裡的五號位工作。在遊戲早期，輔助位也遇到了和五號位一樣的困境，很多比賽輔助到最後也只有一兩件裝備，一般是讓水準最差的去打輔助。很快，Riot 公司做了三個修改：一是在外形上美化了輔助位，包括「琴仙‧索娜」「風暴女神‧‧珍娜」「光之少女‧拉克絲」等「顏值」 極高的女性輔助角色，吸引了一批對勝負欲和遊戲內擊殺興趣不高的女性玩家參與；二是增加了輔助裝，可以提高輔助玩家的經濟收益，讓輔助玩家不至於窮到買不起裝備；三是增強輔助玩家的責任感，在遊戲內有大量可以帶動遊戲節奏，甚至逆轉遊戲戰局的輔助英雄技能，甚至還推出了「血港開膛手‧派克」這種可以頻繁擊殺的輔助英雄。

除了輔助以外，《英雄聯盟》對「打野」位置的調整也非常明顯。比如早期「打野」英雄非常少，主要原因有兩點，一是「打野」英雄定位不明確，二是前期「打野」難度很大。為了彌補這兩點，遊戲在這些年做了大量微調。

首先調整的是「打野」的裝備，在 S3 之前，遊戲裡的「打野」裝備只有「瑞格之燈」一件，而且這是一件物理裝備，所以早期沒有法系「打野」，像「蜘蛛女王‧伊莉絲」之類日後熱門的打野英雄在當時都是「上單」。S3 之後，遊戲豐富了「打野」裝備，才讓更多的英雄可以去「打野」，同時改善了「打野」玩家的遊戲體驗。

除此以外，遊戲還提升了野區的經驗值，在 S2，「中單」四波兵線的總經濟是 512，同時間基本上「打野」也可以打完一遍我方野區全部四組野區資源，收入是 348，也就是說，收益遠遠低於線上。而 S9，前四波兵線的總經濟是 585，野怪數量也變成了六組，總經濟是 616。這種更動讓前期「打野」可以更加從容地輔助線上，因為野區資源豐富，哪怕幫線上隊友也不怕拖累自己的發育，客觀加快了遊戲的前期節奏，提升了「打野」位置的重要性。事實上 S8 和 S9 兩個賽季的 FMVP 最終都是由「打野」選手獲得的，這也客觀地說明了這個調整的結果。

9 收集

扭蛋、盲盒和收集

去日本旅遊，經常能在各種商場、便利店、機場、火車站看到大量的扭蛋機，扭蛋機裡會掉出日本玩具市場長盛不衰的單品——扭蛋。往扭蛋機裡投幣後會掉出一個蛋形玩具，在扭開它之前你也不知道裡面的玩具會是哪一款。

扭蛋之所以這麼吸引人，在於兩點：一是隨機性，二是收集欲。這兩點是共同作用的，只有同時出現時，才能達到最好的效果。

這兩點對於小孩子來說吸引力極強，比如健達出奇蛋（Kinder Eggs），在巧克力食品裡隨機加入玩具，再比如中國「80 後」、「90 後」小時候都接觸過的小浣熊水滸卡，每一包小浣熊乾脆麵裡都會有一張隨機的水滸角色卡片，這種捆綁消費模式有著相當不錯的銷售業績。

和扭蛋類似的是盲盒，唯一的區別是包裝換成了盒子。

日本玩具公司 Dreams 在 2005 年推出的一款頭戴裝飾物——天使玩偶 Sonny angel，透過盲盒銷售成為 21 世紀初大受歡迎的潮流玩具之一，在中國也有不少的粉絲，這是盲盒市場最早的熱銷產品。

中國盲盒市場的代表公司是泡泡瑪特（POP MART）。2018 年，泡泡瑪特賣出了 400 萬個盲盒，其中「雙十一」當天就創造了人民幣 2786 萬元的銷售額，位居所有玩具店鋪第一位，2019 年的全年銷量更是增長了一倍以上。2020 年，泡泡瑪特遞交了自己的招股公開說明書，其中提到：2017 至 2019 年，泡泡瑪特營收分別為人民幣 1.58 億元、5.14 億元、16.83 億元；從增長率看，泡泡瑪特在 2018 年和 2019 年的增長率分別達到 225.4%、227.2%；2017—2019 年，泡泡瑪特的淨利潤分別為人民幣 156 萬元、9952 萬元、4.51 億元，也實現了高速增長。

遊戲產業很早就引入了類似的模式。1991 年，Epoch 在日本發佈了 Barcode Battler（條碼對戰機），玩家可以在這種奇怪的機器上透過掃條碼獲得一個戰鬥數值，用來和其他玩家比拚。這種機器在突然爆紅之後又製作了第二代，可以把數據同步到任天堂遊戲主機上。之後，很多日本公司開始嘗試類似的產品，

任天堂就曾經在 Barcode Battler 上發佈過三十張《薩爾達傳說：眾神的三角力量》的卡片。在此前後，萬代也推出過一款名為 Datach 的產品，可以直接插到任天堂遊戲主機的卡槽位置，玩家只要拿著有對應條碼的卡掃一下就可以獲得遊戲裡的角色和道具。這個系列的產品中玩家最熟悉的是《七龍珠 Z 激鬥天下第一武道會》。雖然日後這種電子遊戲加實體卡的模式在家用遊戲中並沒有大規模普及，但是在街機市場非常普遍，那幾年最紅的就是《三國志大戰》，玩家花 200 日元可以獲得一張隨機卡片，之前更夯的《艦隊 Collection》每張卡的價格是 100 日元，玩家可以用實體卡片和街機上的內容對戰。

任天堂也推出過帶有抽獎性質的 Amiibo 卡，玩家抽到了特定角色以後可以在主機上掃卡片的 NFC 晶元獲取遊戲內的道具。在 2016 年，任天堂賣出了 2890 萬張 Amiibo 卡，在數量上超過了 Amiibo 玩具的 2470 萬。

電子遊戲裡，最知名的使用了收集元素的遊戲是《寶可夢》，從第一代的 151 隻到今天的數百隻，這款遊戲的最終目標就是讓玩家在遊戲內集齊所有的寶可夢。講解收集元素的文章多會以《寶可夢》做為核心案例。另外一款在收集機制上很有建樹但經常被忽視的遊戲是《失落的奧德賽》，這款遊戲雖然銷量不好，但是其收集系統「千年之夢」卻堪稱遊戲史上的最佳典範。「千年之夢」裡有大量的文字和語音，收集完成後可以勾勒出一個完整且感人的故事。還有很多遊戲會加入一些和劇情無關的收集內容，比如《碧血狂殺 2》中的 144 張香菸卡。

Ubisoft 也是一家非常喜歡大量使用收集元素的公司，比如《全境封鎖》裡的 ECHO 系統，收集後可以重現災難發生的影響，再比如遊戲裡的生存指南、事件報告和通話錄音都是藉由收集的方式交代敘事。《刺客教條Ⅳ：黑旗》裡，玩家可以收集船歌；《刺客教條：兄弟會》裡可以收集羽毛。這些收集元素除了少部分有明確的功能性以外，多數是為了延長遊戲的生命週期，激勵玩家在遊戲裡盡可能多收集一些東西，這樣玩家就會為遊戲花費更多的時間和精力。

尤其在開放世界遊戲裡，收集元素也可以讓玩家感覺自己有事做。大部分道具也許沒有太明確的意義——至少和投入的時間是不對等的，但是玩家就是喜歡這個過程。

在開放世界遊戲裡，收集還可以做為任務引導。比如《巫師3》裡，地圖上的問號代表了這個地方的任務事件，引導玩家朝一個個問號走過去，收集（解決）每個問號。《刺客教條：起源》裡也開始使用類似的問號引導方式。

遊戲裡的技能樹也是一種收集要素，我至今沒有遇到過一款通關時會強制玩家點亮所有技能樹的遊戲，但是多數玩家會朝著這個目標努力，因為他們希望收集全部的技能點，可能沒用，但是必須要有。

嚴格意義上來說，收集並不應該是核心玩法，收集應該是讓玩家留在遊戲中的手段。比如《寶可夢》系列，雖然也有非常不錯的戰鬥系統，尤其是屬性相剋關係和複雜的寶可夢搭配，但是經常被遊戲分析者所忽視，其實收集本質上應該服務於這套戰鬥系統。

下面是寶可夢的傷害計算公式：

$$\text{Damage} = \left(\frac{\left(\frac{2 \times \text{Level}}{5} + 2 \right) \times \text{Power} \times A/D}{50} + 2 \right) \times \text{Modifier}$$

看不懂也沒關係，之所以把這個公式列出來只是讓讀者知道其實《寶可夢》的戰鬥系統設計比大部分沒認真玩過的人所認知的要複雜得多。《精靈寶可夢》並不是一個純粹為了收集而收集的遊戲，這是很多想要做類似模式遊戲的設計師經常忽視的內容。

電子遊戲裡，也有一些近乎折磨人的任務是透過收集機制展現的。比如《魔獸世界》裡的「德拉諾探路者：飛行前的準備」任務，其中最主要的兩條是：「在德拉諾發現一百個寶箱」和「完成各個地圖的德拉諾任務」。大部分玩家要在遊戲裡投入幾周的時間完成這個任務。

在網路遊戲裡，這種利用超大收集任務來延長遊戲時間的方式也越來越普遍。

需要注意的是，遊戲內過多的收集要素很容易導致強烈的負面反饋產生，比如《最後生還者2》裡，把大量收集物品的任務都拆成二分之一甚至更小的部

分，玩家收集很多以後才能組成一個完整的物品。這就是非常典型糟糕的收集要素，如果這是一款一般 RPG，這樣設計無可厚非，但《最後生還者 2》這款遊戲一直在著墨營造真實感，然而在收集要素上卻極其缺乏真實感，讓玩家在遊戲過程裡一直在真實和虛擬之間來回切換。

日本鐵路和景點的蓋章活動

日本是一個非常熱衷於收集的國家，不只有盲盒、扭蛋這種產品，旅遊景點也是展現「收集欲」的場所，最常見的就是「限定產品」。

在日本的旅遊景點經常可以看到所謂限定產品的宣傳，意思是這個產品只有在這裡以及這個期間內可以買到。一般是熱門產品調整了一些細節，比如食品換了一個味道，或者玩具換了一種顏色，甚至僅僅更換包裝也是一種限定的思路。這些都是日本商家用來促銷產品的利器，時至今日依然所向披靡。

日本的旅遊景點和車站裡還有另外一個非常有日本特色的設計——給遊客蓋章的地點，這個蓋章並沒有任何實際用途，只是為了滿足玩家的收集心理。

我前文提到過一點，說隨機和收集必須配合才有最好的效果，但其實這句話並不嚴謹，準確來說應該是**收集必須有成本才能得到最好的反饋**。隨機就是一種成本，玩家需要投入金錢，而且無法確定自己的回報。這些蓋章活動也是如此，玩家需要實際到達那個地方，才可以獲得蓋章，這就讓收集有了成本。

日本公司曾經也把蓋章文化和商品推廣結合起來，比如 2015 年東京組織過超人力霸王系列的蓋章活動，只要收集齊地鐵裡特有的超人力霸王印章，就可以獲得對應的獎品；2019 年還組織過鋼彈系列的活動。

類似的思路也被社群網路公司借鑑，代表案例是 FourSquare 的徽章，玩家到達某個地方以後可以領取對應的徽章，而這個徽章系統就相當於把日本的蓋章文化做成了線上產品。也有電子遊戲使用了徽章系統，比如《這個美妙的世界》裡就有上百個徽章供玩家收集。

中國通訊軟體 QQ 的點亮圖示也使用了類似的機制，當玩家安裝某個程式或者完成某個任務之後可以點亮一個 QQ 圖示，這和到某個地方去蓋章的行為本質上如出一轍。騰訊早期為了推廣其他產品，用這種方式吸引了很多使用者。

翻箱倒櫃和檢查屍體

絕大多數的 RPG 有一個奇怪的設計，即玩家可以隨便進入路邊的民宅裡翻找東西，甚至檢查被自己幹掉的敵人屍體。這是一件在現實世界絕對不被允許的事情，畢竟是違法的。遊戲裡沒有法律約束，但這個行為依然說不通。大部分 RPG 的主角是類似俠客的正義人士，結果做出了在別人家裡偷東西甚至明搶的行為。當然，也有遊戲諷刺過這種行為，在《金庸群俠傳》裡翻箱倒櫃會降低道德值（一個隱性參數），在《薩爾達傳說 織夢島》裡會有人警告玩家不要打開別人的櫃子。

這是一個奇怪的設計，但並不是完全沒有意義。

產生強迫玩家翻箱倒櫃的設計的原因無非三個：一是延長遊戲的平均時間，和迷宮的效果相似，當玩家知道牆裡或者桌子上可能有東西時，就會下意識尋找；二是在相對乏味的場景裡給玩家找事做，不至於無所事事；三是創造驚喜，多數情況下，玩家不去翻箱倒櫃也可以繼續進行遊戲，但是翻找很可能會出現意想不到的道具。

相較寶箱而言，翻箱倒櫃的設計更加隱密，也多了些趣味性，甚至是傳統 RPG 裡收集物品的核心機制之一。

10 偶然性

遊戲內的可能性

現實生活裡有偶然性並不是一件好事，甚至我們生活裡最糟糕的體驗都源自偶然性。比如不知道喜歡的女生對自己到底什麼態度，不知道自己能不能按時赴約，不知道公司什麼時候破產，不知道社會到底會發生什麼變化……這一切都讓我們感到不安。可說我們年輕時的努力就是為了減輕現實中偶然性帶來的影響，避免那些不確定因素降低我們的生活品質。而對於電子遊戲來說，偶然性有另外一種截然不同的定位。

很多歐美遊戲企畫有一個觀點，他們認為**電子遊戲本質上就是一個在岔路口選擇方向的遊戲，遊戲內要提供盡可能多的可能性，讓玩家做出合適的選擇**。所以好的遊戲機制要盡可能多地創造岔路口，或者說可能性。

《有限與無限的遊戲》一開始就提到了遊戲最核心的概念：「世上至少有兩種遊戲。一種可稱為有限遊戲，另一種稱為無限遊戲。有限遊戲以取勝為目的，而無限遊戲以延續遊戲為目的。」

例如開放世界遊戲，模擬一個現實世界的環境，然後提供近乎無限的可能性和操作空間讓玩家選擇和體驗，這也是很多開放世界遊戲在遊戲性上並不出色，卻還是能吸引玩家的最主要原因，因為對於很多玩家來說，這種無限的選擇本身也是一種遊戲性。

比如我們小時候玩過的井字棋，遊戲內的變化並不多，所以我們長大以後也漸漸地失去了興趣。傳統遊戲裡，圍棋千百年來長盛不衰，則是因為它有近乎無限的可能性。當然，沒有真正意義上的無限，哪怕再無限的遊戲，在極限狀態下總歸會出現一種結局，不是勝利就是失敗。所以好的遊戲就是要延長這個過程，並讓玩家樂在其中。

在沒有電子遊戲的桌遊時代，遊戲的設計者就在想盡辦法創造隨機性，比如絕大多數的桌遊擁有骰子和洗牌的雙重設計，保證了玩家每一局遊戲都有截然不同的體驗。《大富翁》和《卡坦島》等知名桌遊都是如此，市面上幾乎找不到不存在隨機性的桌遊。

對於電子遊戲來說，隨機可以說是最重要的機制，如果遊戲內一切都可以預期，那麼遊戲就喪失了樂趣。

電子遊戲裡最有代表性的隨機設計是暴擊率。

暴擊率是一個非常有意思的概念，早期遊戲戰鬥非常制式化，全是面板數據，甚至不用真的開打，稍微算一下就能算出到底誰會獲勝。顯而易見，這種設計極度缺乏遊戲樂趣。於是設計師就設計了兩組數據，一組是命中率和閃避率，一組是暴擊率，前者兩個數據配合會讓攻擊失效，後者可能會產生更大的傷害，這就讓本來的制式化戰鬥突然趣味無窮。當然，現在看命中率並不是一個特別好的設計，所以現在的絕大多數遊戲把命中率改成了傷害浮動。

《英雄聯盟》裡唯一剩下的隨機性數值暴擊率和傳統遊戲相比，做了一點明顯的修改——預設的暴擊率是 0，也就是任何角色只要不購買暴擊裝備，那麼就絕對不可能產生暴擊。遊戲內曾經還有過一個名為「行竊預兆」的召喚師技能，裝備的玩家可以隨機從對手手裡偷到錢或道具，這個召喚師技能也在 2019 年末被刪除了。《英雄聯盟》還存留的隨機機制主要集中在公共資源上，S10 時期，Riot 公司為了豐富遊戲多樣性，讓地圖裡隨機出現的小龍屬性發生改變，雖然這也是隨機性，但在機制上這對雙方都是絕對公平的，DotA2 裡河道神符也採用了類似讓雙方公平的隨機性設計。

在 DotA2 也透過一些隱性手段削弱隨機性對遊戲的影響，DotA2 的暴擊就是典型的偽隨機。遊戲內的暴擊率在 30% 以上時，第一次攻擊產生暴擊的機率會明顯低於數字顯示的暴擊率，比如面板暴擊率是 80% 時，實際的暴擊率只有 66.7%，而若你第一次攻擊沒有產生暴擊，那麼隨後的攻擊暴擊率會明顯提升，直到真的產生暴擊。有的時候，真實的隨機性反而可能使人產生負面情緒，例如《俄羅斯方塊》裡，玩家總會覺得為什麼不給我一個直條，但其實每個形狀出現的機率是一樣的，只是因為你很喜歡直條，才會覺得少。事實上，有些版本的《俄羅斯方塊》會藉由調整直條的掉落機率來控制遊戲的難易程度。

在《文明帝國》系列裡，為了平衡玩家的心態，遊戲的勝率也不是真正意義上的隨機。開發公司無形中調高了玩家的勝率，玩家在有明顯的戰鬥力優勢時會直接獲勝。比如按照正常演算法玩家有 90% 的機率會獲勝，有 10% 的機率

會落敗，顯而易見，這個落敗會讓玩家產生很大的挫敗感，在這種情況下，系統一定會判定玩家獲勝。同樣，當玩家連續落敗以後，系統也會一定程度地提升玩家之後的獲勝機率，之所以《文明帝國》可以這麼做，是因為對手是電腦，電腦不會抱怨不公平。

這種動態調整的隨機率機制，最常見的應用是在卡牌遊戲裡，絕大多數卡牌遊戲有保底機制，比如一張最高等級的卡片掉落率是 1%，也就是說對於一個運氣普通的人來說，連續抽一百次總歸會遇到。但這畢竟只是一個機率，因為每一次抽卡的獲取率還是 1%，所以系統會設計一個保底機制，當玩家抽一百張的時候，一定會獲取一張高級卡。

隨機性的調整在很多領域都有，甚至會朝著反方向調整。比如音樂服務平臺 Spotify 早期完全是隨機推薦音樂，但是隨機性背後的不確定性導致聽眾有可能連續收聽到一家公司或者一個歌手的歌曲。雖然機率很低但還是會發生，為了改善這個問題，Spotify 甚至手動干預了隨機過程，透過非隨機的行為讓用戶感覺自己像是在收聽隨機的音樂。

隨機性只要控制得當就不會影響策略性，反而會增加策略的深度。

無論是《英雄聯盟》還是 DotA2，最核心的隨機性都不是電腦提供的，而是對手和隊友。你永遠不知道他們到底會做出什麼行為，不知道什麼時候會突然開團，什麼時候會突然去送死。

人本身就是最大的隨機性創造工具，你能被劇透一部電影，但是不會被劇透一段人生。

從另外一個角度來說，**隨機的出現是為了讓遊戲更像我們的現實生活**。比如《集合啦！動物森友會》，遊戲裡的小動物有非常豐富的語言庫，同時還會隨機出現一些代入感很強的對話內容，這就讓玩家感覺小動物像是真人一樣。

這種人創造的隨機性會讓一些傳統的遊戲模式不同於以往。《絕地求生》的製作人布蘭登・格林（Brendan Greene）提到過，之所以做這款遊戲就是因為對傳統既定套路的 FPS 遊戲感到疲倦。而當一百人同時出現在一個地圖上時，每一局遊戲都會變得完全不一樣。

隨機性在遊戲裡也有很多有趣的場面。

比如玩家在絕望的時候會更加相信命運。《地下城與勇士》裡有一個名為「命運硬幣」的道具，這個道具的效果解釋起來非常簡單，玩家有 50% 的機率會恢復狀態，另外 50% 的機率是被雷劈死。在絕望時，很多玩家會選擇一搏。

2019 年，在《英雄聯盟》LEC 聯賽的 MSF 和 OG 的對陣中，MSF 的上單在 14 分鐘時叫停了比賽，原因是他使用了一個名為「行竊預兆」的符文，這個符文的作用是隨機偷到一些道具，但一直以來這個選手什麼都沒有偷到，他懷疑系統出問題了。最終，裁判在長達 20 分鐘的盤查後告知他，他只是運氣太差了。

Roguelike 遊戲

二十世紀 80 年代，BSD UNIX 系統上有一個很熱門的遊戲，名叫《Adventure》，顯而易見，這是一款冒險遊戲，但是因為當時沒有圖像介面，所以冒險內容全部靠文字描述。這類遊戲後續有個統一的名字──互動式小說，時至今日這類遊戲依然有一批狂熱粉絲，靠著對文字內容的「腦補」找到強烈的代入感。這也是藝術創作裡重要的一點，過度具象化反而不見得可以給玩家創造強烈的代入感，某種程度的抽象和模糊可能會讓人更有參與感。

在 BSD UNIX 的新版本裡，增加了一個名為 curses 的開發庫，這個開發庫的功能非常簡單，就是讓字元可以出現在螢幕的任意角落裡。就是這個功能讓人想到可以用它來繪製圖形介面，於是就有了遊戲《Rogue》。在 Rogue 裡，「|」和「-」創造了牆壁，「#」是玩家可以通行的地方，「@」是玩家，剩下的英文字母就是各種敵人。因為過於熱門，《Rogue》甚至被集成到了 BSD UNIX 系統裡。

Rogue 做為一款遊戲有兩個典型的特徵：一是以地下城冒險故事為主線，玩家需要在地下城裡找到「Amulet of Yendor」後返回第一層；二是遊戲裡的房間全部是隨機的。

之後，這一類的遊戲被全部命名為「Roguelike」遊戲。

2008 年的國際 Roguelike 開發大會推出了這類遊戲的柏林準則（Berlin Interpretation），做為 Roguelike 遊戲的標準定義。

1. 隨機生成的環境：遊戲世界是以某種方式隨機生成的，或者世界中的某些部份是隨機生成的。這裡可以包括地形、物品和怪物出現的位置等。

2. 永久死亡：一個遊戲角色只有一條命。如果死掉的話，這個角色就到此為止了，你只能以另一個角色的身份來重新開始遊戲。對應的思路就是你必須為你的選擇和失誤付出代價，就像在現實生活中一樣。

3. 回合制：與回合制相對的應該就是即時制了。回合制的遊戲不應該對現實時間的流逝有反應，遊戲中的世界是按照一回合一回合來運轉的。如此一來，在回合之間你可以有無限的時間進行思考。事實上，需要你停下來想一下的情況，在優秀的 Roguelike 遊戲中是經常出現的。

4. 統一的遊戲模式：這也是從反面講比較容易理解。像《Final Fantasy》那樣在大地圖上走，遇敵切換到戰鬥介面的機制並不是統一的。Roguelike 要求所有操作都要在統一的介面上完成，這個介面一般就是一個 2D 地圖。

5. 複雜度：遊戲允許以各式各樣的方式來完成同一個目標。也就是說，你不論選擇近戰、遠端還是法術路線，都能玩得下去。

6. 打怪練等，探索世界：每個人都喜歡這一套。我猜這裡想表達的應該是，遊戲還是得有一個能夠承載上面那些特性的主體內容。顯然在大部分情況下，打怪練等、探索世界是最行之有效的一套。

日後，遊戲產業有一個預設的規則：必須滿足以上所有條件才可以被認為是 Roguelike 遊戲，這也是遊戲產業對某一種遊戲類型最嚴格的一次規定。

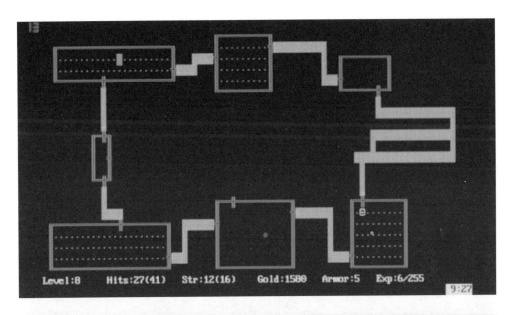

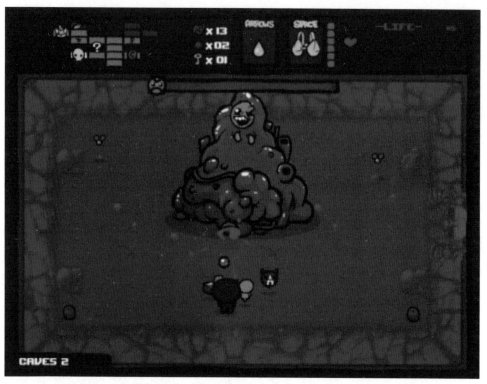

▲ 圖 10-1　Roguelike 的機制以不同的形式出現在不同的遊戲裡

　　二十世紀 7、80 年代，遊戲大量使用隨機化的主要原因是遊戲內容匱乏，由於策畫經驗不足、遊戲開發能力有限和經費不足等原因，大部分遊戲要想增加內容只能透過某些手法延長遊戲時間，比如 Roguelike 就變成了一種非常好的設計方式。但隨著遊戲開發能力和策劃能力逐漸增強，這種模式也在一定程度上被棄用。這兩年，Roguelike 又突然爆紅，其背後的原因多少有些相似。

　　採用 Roguelike 的以獨立遊戲為主，大多數開發方能力有限，希望透過這種方式延長玩家的遊戲時間。一些大製作的遊戲也會用這種模式刺激玩家的挑戰欲。傳統角色扮演遊戲裡的踩地雷遇敵模式就是一種很典型的隨機性應用，也是為了增加趣味性而設計的，相比較玩家肉眼可見的敵人在螢幕上走來走去，突如其來的戰鬥會給玩家帶來驚喜感。

但其實這種模式的體驗並不好，會打亂玩家的遊戲節奏，而早期使用這種模式比較多也是因為開發能力有限，相較於把敵人放在地圖上，直接判斷玩家每走多少步就遇到一次敵人更省事。所以隨機遇敵的遊戲這些年已經越來越少看到了。

關於隨機性機制，遊戲產業普遍認為可以劃分為兩類：輸入隨機和輸出隨機。輸入隨機指的是在遊戲開始前已經確定好的隨機內容，比如 Roguelike 遊戲裡隨機生成的地圖，比如卡牌遊戲裡你拿到的卡的順序。輸出隨機指的是突然觸發的隨機內容，比如前文提到的開寶箱，還有遊戲裡經常可以遇到的命中率問題。絕大多數情況下，遊戲內的消極反饋來自於輸出隨機，因為很容易讓玩家產生心理偏差。產生消極反饋就是因為輸出隨機的本質是模擬現實世界裡人類的真實失誤，如果遊戲角色沒有失誤，那就喪失了很多樂趣；但失誤太多也會讓人很煩躁。一些遊戲會經由專門的設計，某種程度上規避輸出隨機可能產生的消極反饋，典型的做法就是角色扮演遊戲裡經常看到的，掉落的裝備和玩家等級相關，玩家撿到的裝備至少要自身等級到達一定程度才可以用。

當然，Roguelike 並不是沒有問題，甚至有非常嚴重的設計缺陷，否則也不會至今都還是小眾的遊戲模式。最明顯的缺陷有三點：一是遊戲的單次時間太長，傳統的 Roguelike 遊戲因為地圖複雜，而且沒有遊戲內的存檔功能，所以一次遊戲時間可能長達數小時；二是遊戲機制過於複雜，多數遊戲玩家還是更加喜歡能夠簡單解釋清楚內容的遊戲；三是大多數 Roguelike 遊戲的劇情設置環節非常薄弱，這也讓玩家缺乏代入感。

但 Roguelike 又是非常有意義的，後文會講到 Roguelike 的設計邏輯可以和其他遊戲方式進行融合。也就是說，純粹的 Roguelike 遊戲可能很難走進主流玩家的視線，但是主流玩家一直可以接觸到 Roguelike 遊戲的設計精髓。

《魔法風雲會》《遊戲王》和 TCG 卡牌遊戲

我們一般說的卡牌遊戲被叫做集換式卡牌遊戲，英文寫作 Trading Card Game 或者 Collectible Card Game，簡稱 TCG 或者 CCG。

早在二十世紀 50 年代，美國就出現了集換式的卡牌。當時這類卡牌以棒球為主題，卡片被放在袋子裡，玩家打開以後會隨機獲得不同的卡牌。想獲得自己想要的，必須買很多袋卡牌直到開到想要的，或者跟人交換。但是這在當時只是一個收藏行為，卡牌本身並沒有對戰屬性。

到二十世紀 90 年代，《魔法風雲會》的出現才讓集換式的卡牌變成了遊戲。《魔法風雲會》加上日後來自日本的《遊戲王》和《寶可夢》，就湊齊了世界三大 TCG。這些遊戲自誕生至今，一直都有大量支持者。

顧名思義，集換式卡牌遊戲的核心有三點：收集、交換和卡牌遊戲。所以一般認為 TCG 三要素是卡牌收集、建構卡組和對戰。其中，建構卡組包括交換和設計自己的卡組兩方面內容。

TCG 的抽卡環節被認為是最精髓的元素。玩家花錢買卡包，但卡包裡面的卡是不確定的。開卡包有可能獲得非常強力的卡片，但更大的可能是血本無歸，這點與前文提到的扭蛋和盲盒是相似的。從某種意義上來說，抽卡環節有點類似於彩券、盲盒。說個題外話，早期的《魔法風雲會》還有這方面的規則，當時雙方要用牌庫最上面的一張卡做為這場比賽的賭注，這種規則的設計其實就是為了讓卡牌形成流動，這就是集換式卡牌遊戲的核心。但事實上，幾乎沒有玩家願意接受這種規則，所以這種規則逐漸就被廢棄了。

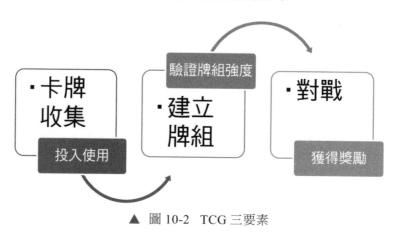

▲ 圖 10-2　TCG 三要素

遊戲設計師格雷格·柯斯特恩（Greg Costikyan）在《遊戲中的不確定性》裡提到《魔法風雲會》的模式：「正因為補充包卡牌都是不確定的，玩家才會在開包時有不一樣的情感——開到沒有的卡你會感到開心，開到已有的卡你會感到失落。這也正是為什麼《魔法風雲會》的商業模式會如此成功——它一直誘惑著消費者去購買更多的卡包，而玩家也會盡其所能花錢去收集卡牌。」

在紙類卡牌時代，有一些非常奇怪的群體，他們並不玩遊戲，只是買卡和收集卡，而且這些人並不在少數。對這些人來說，卡牌遊戲的核心遊戲性是收集而不是對戰，當然這並不一定是遊戲設計師希望看到的，而對於商人來說這又是相當有吸引力的事情。但隨著卡牌遊戲逐漸從紙本轉移到電子產品上，這種純粹收集的玩家也幾乎消失了，畢竟虛擬產品的收藏價值相對較低，而且對於大部分人來說，摸不到的東西也不能讓人產生收藏的快感。

卡牌遊戲電子化最主要的優點是可以和全世界的人一起玩，無論你在世界的哪個角落，只要有支援遊戲的電子設備和流暢的網路，就可以和其他人一起玩遊戲，這在傳統紙類卡牌時代是完全無法想像的。事實上，阻礙傳統紙類卡牌遊戲拓展的也是線下對戰的特點，在線下對戰的情況下，每次對戰的成本極高，並不是所有玩家都願意走出家門玩卡牌遊戲的。早在桌遊時代，桌遊玩家圈子裡就一直流傳著一個悖論：喜歡玩桌遊的都是不喜歡出門的人，但是玩桌遊又要被迫出門。所以從某種意義上來說，卡牌遊戲的電子化和網路化，甚至電子遊戲的出現，都是遊戲衍生過程的必然結果。

進入電子遊戲時代，尤其是手機遊戲時代以後，抽卡機制被更為廣泛地使用，在中國市場尤甚（即被玩家稱為「開箱」的遊戲內容），甚至可以說是中國遊戲產業的核心。在中國絕大多數手機遊戲公司裡，企畫的本職工作就是透過設計遊戲機制，激勵玩家不停地「開箱」。

寶箱的隨機機制在中國遊戲市場中實際上已經被嚴重濫用了。

早期網路遊戲的盈利點是時間付費，玩家玩多長時間的遊戲就花多少錢，但顯然這種模式是有問題的，所以就有了「開箱」。玩家可以在遊戲內藉由花錢獲得提升，但並不是直接買裝備，而是透過開箱來抽裝備，這樣就使得裝備的獲取增加了機會成本。

抽卡或者說開箱機制是一種正反饋和負反饋之間變異數無限大的模式，抽不到以後負反饋無限強，但是抽到「SSR」[①]以後正反饋也好得會讓你忘掉之前的不愉快，會讓你覺得一切的努力是值得的。所有抽卡遊戲的本質就是要將負反饋控制在一個合理的範圍內。

卡牌遊戲的抽卡、洗牌和退環境

如果對大部分卡牌遊戲玩家做個問卷調查，問卡牌遊戲最主要的機制是什麼，多數人應該不會說是戰鬥，而會說是抽卡。

抽卡是一個純粹的商業行為，但是反而成為卡牌遊戲最核心的機制。這和前文提到的扭蛋一樣，玩家喜歡驚喜，而抽卡這個行為最吸引人的地方就是創造驚喜。

在現在的電子遊戲裡，卡牌遊戲的抽卡掉率一定不是完全隨機的，否則玩家的體驗會相當糟糕，比如手氣差的玩家可能永遠也抽不到自己想要的卡，哪怕真的是隨機的結果，玩家也會認為自己被遊戲公司坑了。對於遊戲公司來說，過度的隨機也少了很多盈利點。

一般情況下，卡牌遊戲的掉落有下面幾種情況：

- 預設抽卡：確定了玩家的抽卡取得順序，例如大多數遊戲在新手引導環境中，獲取的卡是確定的。某些遊戲的副本裡也會使用這種機制，保證玩家一定可以獲取副本掉落的卡片。

- 保底抽卡：當玩家嘗試了抽固定次數的卡以後，一定會獲取某種東西，而在此之前完全隨機，最常見的就是十連抽必定獲取某張卡。還有些遊戲會把這種機制應用在部分強力角色上，做為早期給玩家的激勵措施。比如《原神》剛上線時，180 抽一定可以獲得早期的強力角色溫迪。

- 遞增機率：和保底機制有點相似，指的是隨著玩家抽卡數量的增加，獲取高級卡片的機率也在增加，比如第一抽是 1%，第二抽是 2%，到第

---

① 指遊戲中「特級稀有」級別的角色或物品。——編者注

100 次是一定可以獲得的，如果運氣不太差，也許不用抽到第 100 次就可以獲得。

- 個人獎池抽卡：遊戲內劃分了不同的卡屬於不同的獎池，然後根據玩家的情況把玩家放到合適的獎池裡。

- 世界獎池抽卡：所有玩家同屬於一個獎池，當其他玩家抽到高級卡片後也會消耗掉獎池裡的資源。

- 新台幣戰士福利抽卡：某些遊戲會使用這個機制，針對儲值更多的玩家修改好卡的掉率。當然，有改高掉率的，也有改低的。

多數情況下，上面幾種掉落情況會組合使用，玩家可以在遊戲內看到不同的卡有不同的掉落方式。這些抽卡方式組合在一起也成為現在手機遊戲的主要盈利模式。

除了抽卡以外，洗牌也是典型的卡牌遊戲特色。在對戰環節前會有系統隨機的洗牌環節，一般而言，洗牌環節有三種情況：

1. 預設洗牌：玩家在抽到第一張卡時，就已經確定了之後所有卡牌的獲取順序，這和現實世界裡的卡牌遊戲相同。

2. 單張隨機洗牌：每次玩家抽到一張卡，都會隨機出下一張卡。

3. 保底預設：一般是在遊戲開始時給玩家幾張有保底機制的卡，保證玩家不會在一開始就覺得遊戲很難進行下去。類似的是，一些卡牌遊戲允許玩家在第一次抽卡時替換幾張卡，提供了這種保底機制。

一般來說，普通玩家對於洗牌環節不敏感，玩家不會明顯感受到不同洗牌方法的區別。

紙類卡牌還有另外一個特性就是「退環境」（Rotate）。

以公司角度來說，必須持續發布新卡才能有利潤，但是如果一直持續推出新卡會帶來兩個嚴重的問題：一是對於新手玩家來說負擔過重，除了買新卡以外，還要買老卡，相當於你要參與遊戲必須投入和以往玩家一樣的金錢，顯然這是非常容易勸退新玩家的；二是當總卡池越來越大以後，學習成本越來越高，

玩家也會陷入無所適從的境地。出現最早的《魔法風雲會》到現在已經有超過一萬張卡,這個投入也沒有玩家可以接受。

為了解決這個問題,就有了兩種設計:禁卡表,直接告知玩家有哪些卡不能用,這些卡一般是機制有缺陷的或者用來破壞平衡性的;還有退環境,每隔一定時間更新一次卡池,只有規定範圍內的卡可以在正式比賽裡使用。

11 成長和代入感

經驗值和等級

資深遊戲製作人吉澤秀雄在《大師談遊戲設計：創意與節奏》前言中提到：「容我先把結論擺在這裡。遊戲的成敗在於節奏。」

這本書裡還用下面這張圖來闡述節奏在遊戲裡的重要性：

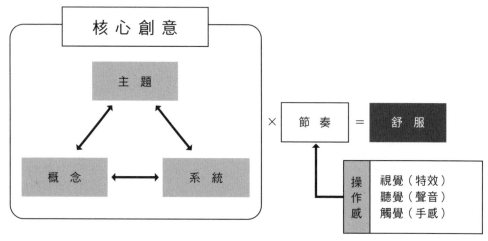

▲ 圖 11-1　核心創意與節奏的關係

暴雪三巨頭埃里希・謝弗（Erich Schaefer）在一篇描寫《暗黑破壞神 II》的文章裡寫到，玩家玩這款遊戲最主要的樂趣就是殺敵，獲得獎勵，然後繼續殺敵。這種簡單的過程是 RPG 最吸引人的地方，這也是《暗黑破壞神 II》成為知名刷子遊戲最根本的原因。

玩家經常會忽略，對於一款遊戲來說，你的經驗值、等級，本質上和金錢、道具等一樣，都是遊戲的內部經濟體系，只不過並不是為了買東西，而是為了推進遊戲的劇情。在設計傳統解謎遊戲時，有一個麵包屑原則，意思是遊戲在做引導時要像吸引小鳥入籠一樣一點一點地灑出麵包屑。在 RPG 裡，經驗值、等級、裝備就是那個麵包屑。或者換句話說，一款遊戲正常的流程應該是給出目標，讓玩家摸索路徑，然後保證路徑盡可能地有趣，而麵包屑就是讓路徑有趣的設計。

名越稔洋在自己的著作《名越武藝帖》裡定義過電子遊戲的三個必要條件：

1. 規則：限制遊戲之所以是遊戲的規則，包括玩的方法、勝利的方法、通關的方法。

2. 目的：一個清晰的勝負目標，包括如何勝利、為什麼要勝利。

3. 進步：可以學習進步的技巧，包括如何才能做得更快、如何得到高分、如何輕鬆過關。

其中，經驗值和等級都是為第二點和第三點服務的。

一般而言，電子遊戲升級都有明確的目的性，就是要有明確的回報，常見的回報有四種：

1. 提升生命值和其他數值，整體提升玩家的戰鬥能力。

2. 可以使用更強力的武器。在很多遊戲裡，武器的使用有等級限制，達不到等級就不能使用武器。

3. 可以使用更高等級的技能。大部分 RPG 的技能和等級直接相關，必須達到對應的等級以後才可以獲得更高等級的技能。

4. 可以推進後續劇情。一些遊戲的劇情推進會要求玩家的等級，玩家必須達到對應的等級以後才可以看到之後的劇情。當然，很多遊戲並不是直接限制玩家不能看，而是透過某些敵人來阻擋玩家，只要等級不夠就無法戰勝敵人。

除此以外，經驗值和等級還可以讓玩家看到自己的進步，每次戰鬥後提升的經驗數值就是在這一次戰鬥裡玩家控制角色的進步程度。同時，經驗值在一定程度上也可以做為目的，比如還差多少就可以升級，這也在激勵玩家持續戰鬥；而等級同時是非常明顯的目的和進步設計，在 RPG 裡大多會有一個隱形的關卡強度，玩家必須到某個等級以後才能順利通過，這就是你的目的，而進步更加明顯，數值越大暗示玩家進步得越多。

基於這些原因，經驗值和等級一直都是電子遊戲的重要組成部分，甚至在沒有電子遊戲時就被很多遊戲所重視，早在《龍與地下城》第一版的規則裡，就設計了經驗值的概念。1984 年的《夢幻仙境》成為早期 ARPG 的重要改革者，其中最主要的改進就是加入了經驗值的設計。

早期電子遊戲裡，讓玩家頻繁打怪提升等級也是非常重要的玩法，成長和提升本來就是有樂趣的，這就是為什麼會有玩家熱衷於放置型遊戲。但並不代表這是最好的核心玩法，因為早期遊戲這麼設計的原因和前文提到過的地下城產生的原因是相似的，就是因為機能限制，遊戲內容較少，所以希望藉由這個辦法延長玩家的遊戲時間，讓玩家覺得遊戲買得值得。但現在這類設計越來越少，就是因為機能的提升讓玩家多更多有意思的選擇。

成長和提升本來就有樂趣，但這個樂趣是現實生活的投影。

對於絕大多數人來說，玩遊戲可以滿足「與現實脫離」的需求，現實生活裡最被強調的就是你的成長和提升，所以一定程度上，玩家進入遊戲就是為了避免被人在後面催著成長。所以，在電子遊戲中，真正有樂趣的並不應該是單純的成長和提升，而是簡單的成長和提升，並且可以獲得更大的快感。

比如在公司裡，你每個月跑業務雖然很努力，但也可能做不到第一名，哪怕做到第一名也沒什麼快感，頂多是加點獎金。而在遊戲裡，你只要多投入一些時間就可以做到更好，甚至可以技壓絕大多數的競爭者，這個快感遠超過現實世界。

《仙劍奇俠傳》第一代之所以評價那麼高，就是因為它是當時眾多遊戲裡，罕見的沒有強制玩家刷等級，同時不會為了拉長遊戲時間而刻意提高敵人難度的遊戲。

所以，好的遊戲設計就是盡可能地增強這個快感，讓遊戲玩家覺得困難但依舊熱衷，因為這個困難並不至於讓人放棄，同時獲取的快感要遠遠強過困難本身。

經驗和等級就是控制這個節奏的工具，絕大多數 RPG 的元素都是為了這個服務，包括裝備、道具和遊戲劇情。但對於某些遊戲來說，等級並不是必需的，

比如《薩爾達傳說》系列一直沒有明確的等級概念，《魔物獵人》系列也主要透過裝備和操作來提升自己的實力。

這些年有明確等級概念的遊戲越來越少，絕大多數遊戲把等級的概念融入裝備和技能當中，因為等級這種過度數值化的展現方式缺乏代入感，同時欠缺多樣性，而裝備和技能的提升會使代入感更強，也更容易讓玩家參與能力提升的決策當中。尤其是技能點的設計本質上就是一種等級，但是更具多樣性。

當然，技能點也是一個很不好控制的設計，比如《林克的冒險》裡設計了一種全新的經驗值體系，這裡的經驗值存在貨幣屬性，可以用來購買 HP、Magic、Power 屬性。但從實際反饋來說，這個設計相當糟糕，因為遊戲還加入了另外一項機制，角色在死亡以後三項能力會降低。這就導致了能力難以提升，懲罰還相當嚴苛，玩家的反饋非常不好。

進入網路遊戲時代，經驗和等級的概念也同樣重要。這裡還有個題外話，網路遊戲的持續更新也是為了給玩家創造成長感，和等級本質上是相同的邏輯。

《魔獸世界》玩家有一個很特殊的方法來形容遊戲階段，就是「等級＋年代」，比如「60 年代」就是《魔獸世界》最早等級上限只有 60 級的版本。這樣形容的原因是《魔獸世界》每個版本的風格特別鮮明，不同版本之間環境和玩家的目標都有明顯的區別，而且絕大多數玩家可以升級到最高等級。

《英雄聯盟》的等級體系是非 MMORPG 裡值得參考的，主要在於其目的性非常明確。

《英雄聯盟》裡有兩套等級體系，一套是排位體系，玩家只要玩排位就會有一個段位，這是對玩家遊戲水準的獎勵，只要水準夠高，段位也可以更高。而《英雄聯盟》設計得最好的是另外一套系統，就是每個玩家都有的最基本等級體系。

起初，《英雄聯盟》的玩家等級上限只有 30 級，之後遊戲預設了玩家可以打排位，也就不再出現等級提升的情況了，但對於排位等級一直上不去的玩家來說，這個體驗並不好。所以後來遊戲取消了等級上限，玩家可以近乎無限地提升自己的等級。這至少可以讓那些段位上不去的玩家看到，自己的努力是有回報的。

《暗黑破壞神Ⅲ》裡無上限的巔峰等級也具有類似的效果，在後期，等級提升對玩家戰鬥能力的提升有限，但是巔峰等級的數字能激勵玩家持續進行遊戲。

RPG 的成長觀

1949 年，約瑟夫・坎貝爾（Joseph Campbell）發表了名為《千面英雄》（The Hero With A Thousand Faces）的著作。書裡提出所有的英雄本質上都是相似的，只是換了一張臉。喬治・盧卡斯（George Lucas）就曾經表示自己的《星際大戰》系列深受這本書的影響。

進入電子遊戲時代以後，這種千面英雄的創作邏輯依然存在。

1974 年，加里・吉蓋克斯（Gary Gygax）發明了桌遊《龍與地下城》（Dungeons and Dragons，DND）。《龍與地下城》豐富的遊戲內容為一批遊戲開發者提供了想像空間，但是很長一段時間，遊戲市場並沒有出現一款真正意義上設定類似的遊戲。

早期的歐美系 RPG 多少對《龍與地下城》的設定有所借鑑，包括美國三大 RPG《巫術》《創世紀》和《魔法門》，都能從中找到大量《龍與地下城》的痕跡。其中最為明顯的是嚴謹且一致的內容設定，當然，對於沒有接觸過《龍與地下城》的玩家來說，這是十分不友善的。

第一款真正意義上還原《龍與地下城》的遊戲是 1988 年的《光芒之池》（Pool of Radiance），但是這款遊戲的口碑和銷量都不出色。一直到 1995 年，BioWare 開始在電腦上還原最接近《龍與地下城》的遊戲，這款遊戲一直到 1998 年才正式上市，就是《柏德之門》（Baldur's Gate）。在此之後，這類遊戲掀起了熱潮。

▲ 圖 11-2　《柏德之門》大幅還原了桌遊《龍與地下城》

除了歐美系 RPG 以外，還有另外一個日系 RPG 的分支，簡稱 JRPG。

一般認為世界上最早的 JRPG 是光榮（KOEI）在 1982 年發行的《地底探險》（Underground Exploration），這是一款現代主題的遊戲。同一年，光榮還發行了一款名為《龍與公主》（The Dragon and Princess）的遊戲，該遊戲是最早的幻想類 JRPG。

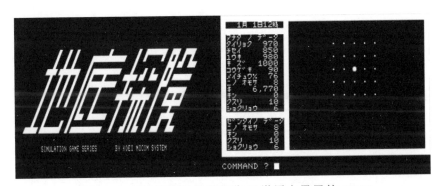

▲ 圖 11-3　《地底探險》被認為是世界上最早的 JRPG，
雖然這是一款現代主題的遊戲，但是在當時的美術呈現下，玩家也看不太出來

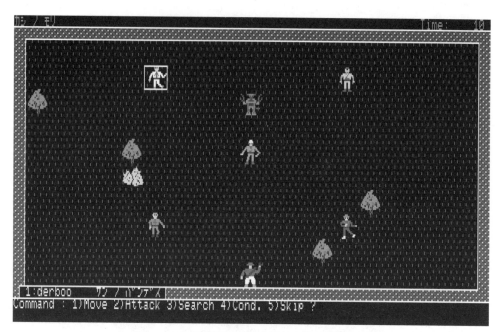

▲ 圖 11-4 《龍與公主》是最早的幻想類 JRPG

　　JRPG 大幅地吸收了歐美系 RPG 早期的設計，並且將其發揚光大，其中最主要的是對《巫術》第一人稱走迷宮設計和隨機遇敵的使用，這個設計在日後的歐美系 RPG 裡已經越來越少見，而在日本公司卻頻繁使用。

　　比如現在玩家所熟悉的《真‧女神轉生》系列，在早期就有明顯的《巫術》系列的設計痕跡，其製作公司 Atlus 甚至製作過使用了《巫術》名字的遊戲《巫術：武神》系列。

　　我們把關注點放在故事和人物塑造相對成功的 JRPG 上。傳統意義上的 JRPG 有幾個非常明顯的特點：

1. 角色偏向動畫風格，這和日本動畫產業的興盛直接相關，人才和消費群體都是高度重疊的。

2. 有一個完整的故事框架和設定，和歐美系 RPG 相比，JRPG 非常重視故事的完整性，甚至可以為故事犧牲遊戲性。

3. 大部分設定與「劍和魔法」相關，這是早期 JRPG 學習歐美系 RPG 的一個設計，至今大部分遊戲依然延續了這種設定套路。這也是日本文化的特點之一，融合歐美的傳統文化，加入日本元素或者日本人看待世界的方式。宮崎駿的大部分作品沿用了這個套路。

4. 劇情相對線性，和歐美系 RPG 相比，JRPG 因為強調敘事，所以弱化了很多劇情上的選擇空間。

5. 戰鬥系統比較複雜，除了前文提到過的回合制和即時制外，日本公司在遊戲的戰鬥環節經常加入一些極為複雜的機制。

6. 系統搭配自由度較低，和劇情線性一樣，JRPG 在戰鬥的自由度上也明顯低於歐美系 RPG。

JRPG 和歐美系 RPG 有兩個明顯的區別：

1. JRPG 上手門檻較低，而依靠於《龍與地下城》規則的歐美系 RPG 很難上手，玩家需要理解大量劇情，同時該類遊戲在數值上非常計較，比如早期《柏德之門》的玩家應該都深有體會，點錯了屬性可能導致遊戲根本無法進展下去。

2. 歐美系 RPG 因為延續了《龍與地下城》的規則，所以一直沒有擺脫骰子的使用，雖然玩家看不見，但骰子其實一直都在。比如《柏德之門》本質上還是一個扔骰子的回合制遊戲，只是把這過程潛化了；《暗黑破壞神》最早也是按照回合制遊戲設計的，只不過在發行前改成了即時戰鬥遊戲，但其實潛在還是回合機制，遊戲內每秒有 20 個回合。而 JRPG 日後幾乎完全不考慮骰子，所以遊戲形態也更加多樣化。

簡而言之，JRPG 就是為了改善歐美系 RPG 門檻過高的問題，所以做了大量調整，JRPG 也因此在大部分時間裡比歐美系 RPG 熱門。

我前面一直在使用歐美系 RPG 或歐美 RPG 這個稱呼，但其實遊戲產業有另外一個類似的叫法——CRPG（Computer Role-Playing Game），即電腦 RPG，該詞也經常用來指代歐美系的 RPG。之所以這麼使用，是因為早期的 RPG 基本是在主機平臺上，最早一批在電腦上開發 RPG 的多數是美國人，而這一批 RPG

基本基於《龍與地下城》的規則，也就出現了用 CRPG 指代這一類遊戲的情況。當然，這並不是一個嚴謹的說法。

CRPG 因為電腦遊戲盜版嚴重等問題沉寂了很多年，但是在 21 世紀的第二個十年迎來了一次復興，出現了一批優秀的作品，包括《永恆之柱》系列、《神諭：原罪》系列，以及《柏德之門 3》，這些作品的推出重新點燃了這個市場。

講完歷史，再說回遊戲機制。

前文提到《夢幻仙境》在遊戲內加入了經驗值，增強了代入感，但事實上這種代入感還是相當薄弱的。增強代入感的方法是為了解決另一個問題而誕生的。

相較代入感，《夢幻仙境》當時創造給遊戲玩家的巨大困難讓玩家無所適從，玩家不知道到底該去哪裡、該幹什麼，尤其對於一款解謎元素十分多的遊戲，這一點更加致命。為了解決這個問題，當時的玩家甚至會求助遊戲公司，然後公司會幫玩家處理問題。

本書一開始提過《薩爾達傳說》、箱庭理論和這個系列的種種創造性，事實上，《薩爾達傳說》也是最早引入 NPC 的 ARPG，這麼做就是為了在某程度上給玩家一個內容引導，而不只是純粹地靠玩家推理，更不是直接透過某個系統提示告訴你答案就在那裡。

▲ 圖 11-5 《永恆之柱》系列、《神諭：原罪》系列和
《柏德之門 3》使 CRPG 迎來了一次復興

　　這解決了一批 ARPG 難度過高的問題，同時也提升了遊戲的代入感，讓玩家感覺可以和這個世界產生情感互動的。

時至今日，《薩爾達傳說》依然是所有遊戲裡在這方面做得最好的。在2017年上市的《薩爾達傳說：曠野之息》裡，遊戲內的任務對話比同時期的其他遊戲可以說少得可憐，這時的大部分 3A 遊戲至少有幾十萬甚至上百萬字的任務對話，而《薩爾達傳說：曠野之息》卻用最少的任務對話創造出最強的代入感。

最有代表性的案例就是「四英傑」裡的米法。

遊戲一開始米法和其他三位英傑都已經去世，所以玩家是沒有辦法直接跟她溝通的，更重要的是主角林克是失憶的。在林克第一次到達米法曾經生活的卓拉領地時，會從路人口中知道這裡曾經有米法這個人，她沒有高貴公主的架子，會為普通人療傷，卓拉族的人民愛戴她，以至於雖然已經去世百年，但人們仍然懷念她。有些老人認出林克，會怪罪他為什麼當初在災厄中沒有保護好米法。之後會從希多王子口中知道關於他的姊姊米法更多事情，包括兩人曾經的零星回憶。在化解了卓拉族和海利亞人的仇恨後，林克會得到一件米法製作的鎧甲。在此之前，林克會從路人那裡聽到一句話，那就是每個卓拉族的女人會為自己的心上人製作鎧甲，這時候玩家會發現林克的鎧甲格外地合身。

當玩家第一次見到米法，是解放米法的靈魂之時，這是遊戲裡兩人第一次見面，也是最後一次。一直到這時，林克才找回關於米法的回憶。

這種零星但豐富的側面描寫，完整勾勒出人物的形象和兩人的感情，這在整個遊戲史上都可以算是極為成功的案例。

過度強調人物對話反而有可能成為反面效果。2020 年被捧上神壇的《極樂迪斯可》直接放棄了傳統意義上的作戰，以任務對話填滿了整個遊戲，大多數人認為這是一款神作，但是只有很少人堅持玩完這款遊戲。再比如《莎木》裡人物對話非常豐富，甚至堪稱是一部完整的小說，玩家在不同的時間和不同的角色說話都會有不一樣的內容，但是當人物陷入各種複雜的劇情和對話當中時，玩家就會忽視掉「玩」這件最根本的事情。而且《莎木》裡大量遊戲內道具都是可以互動的，但過多可以互動的道具反而讓玩家無所適從。時至今日，所有玩家都會覺得《莎木》是一款「神作」，但是大部分人很難解釋這款遊戲到底哪裡好玩。與之類似的是 2019 年的《碧血狂殺 2》，其遊戲品質幾乎成為新的行業標竿，但是因為操作細節過多，反而讓很多玩家給了負評。

顯然這不是玩家的問題，**遊戲和現實之間需要一條分界線，這條線主要就是為了保障「玩」才是遊戲的核心，遊戲不能延續現實生活裡痛苦的一面。而「好玩」是評價一款遊戲最基本的原則，其他內容都只能是錦上添花。**

有一個很好的案例是《戰爭機器》。遊戲裡模擬了一個換彈匣的過程，顯然這個過程理論上也是枯燥乏味甚至有嚴重負面反饋的，至少在戰場上絕對是。但是製作方很聰明地把這個過程做成了高容錯率的小遊戲，遊戲裡會出現一個進度條，玩家在合適的地方按對應鍵就可以快速換彈或者完美換彈，前者速度更快，後者傷害更高。對於高級玩家來說，如果每次都能完美換彈，也可以提升自己的戰鬥力；而對於新手玩家或者操作較差的玩家來說，無視這個小遊戲也可以完成換彈，就是速度要慢一些。

玩家的成長和遊戲內的行為要高度統一才可以得到認可，比如《最後生還者 2》裡，遊戲充滿了殺戮場景，甚至遠多於前作。在遊戲過程中，玩家默認殺戮的必要性，畢竟這是一款末日題材的遊戲。但是在遊戲最後，主角艾莉卻選擇了原諒殺死情同父親的喬爾的兇手。再舉例前一代的男主角喬爾被玩家戲稱為「北美戰神」，保護艾莉橫越美國，但是在第二部開局就被高爾夫球桿打死，和玩家對角色的認知出現了巨大的差異。這種敘事和玩家行為認知的巨大落差導致《最後生還者 2》的玩家口碑相當糟糕，玩家在這種劇情下不僅不會有代入感，還會有強烈的反抗情緒。如果說《最後生還者》是遊戲史上代入感營造得最好的案例，那麼《最後生還者 2》也可以稱得上是遊戲史上代入感最差的案例。

不只是代入感，很多遊戲裡過度表現遊戲劇情本身，就會導致玩家出現負面反饋。比如《潛龍諜影 4 愛國者之槍》裡，小島秀夫加入了大量過場動畫，從內容角度來說非常優秀，但是這些過場動畫實際上失去了遊戲互動敘事的魅力，同時嚴重影響了玩家對遊戲本身的體驗。小島秀夫自己也在日後承認這一點是失誤。

認真總結的話，一款遊戲讓主角有代入感，至少需要做到三件最基本的事情：一是詳細交代背景，讓玩家能夠清楚地知道自己玩的角色到底是誰，當然最好的方式絕對不是用一篇文字講完，應該是循序漸進地揭示出來；二是要有

個點亮人物的線索，最常見的就是遊戲裡的感情線，愛情或者友情；三是要有一個宏大的事件，比如斬殺惡龍、救出公主、拯救全世界。

RPG 的角色塑造

　　RPG 的角色塑造非常重要，甚至影響了對一款遊戲的整體評價。《大神》幾乎是公認遊戲史上的神作，但是《大神》的銷量極差，甚至真正完整通關的玩家不多，這背後的主要原因是角色缺乏代入感。《大神》的主角不具備人格特質，從各個角度來看，主角更像是狼或者哈士奇，甚至完全不會說話，還具備了哈士奇的所有劣習。《古惑狼》《音速小子》的主角雖然沒有人類的外表，但是行為特徵就像人類。《大神》的開發團隊四葉草工作室為了解決這個問題，加入了一寸這個人物填補「大神」的人類屬性，但沒有深入玩過遊戲的人已經下意識排斥一款以狼或狗為主角的遊戲了。

▲ 圖 11-6 《大神》系列在美術上非常出色，遊戲性也比較優秀，
　　　　　但主角缺乏代入感的問題一直存在

遊戲世界需要為玩家帶來想像空間，《遊戲的人》這本書裡提到：「遊戲的第三個主要特徵是它的封閉性與限定性。遊戲是在某一時空限制內『演完』的⋯⋯遊戲開始，然後在某一時刻『結束』。遊戲自有其終止⋯⋯比時間限制更為突出的是空間的限制。一切遊戲都是在一塊從物質上或觀念上，或有意地或理所當然地，預先劃出的遊戲場地中進行並保持其存在的⋯⋯競技場、牌桌、魔法圈、廟宇、舞臺、螢幕、網球場、法庭等，在形式與功能上都是遊戲場地，亦即被隔離、被圍起、被架空的禁地，其中通行著特殊的規則。所有場地都是日常生活之內的臨時世界，是專門用來表演另一種行為的。」

　　鏡裕之在《美少女遊戲編劇權威》一書裡提到過關於電子遊戲的一個很重要的概念：**第零人稱**。小說和電影等傳統作品裡都有第一人稱的概念，但是電子遊戲更加特殊，無論誰都可以參與到人物的塑造和故事的選擇當中，這個體驗要遠遠超出其他藝術作品帶給玩家的。而其中最重要的一點就是情感的代入，其他藝術作品在渲染人物情感的時候，會使用很多視覺藝術和聽覺藝術，哪怕是小說也要依賴優美的文字。但對於電子遊戲，只要你能堅持下來，就會有強烈的情感帶入，因為主角的選擇一直都是由你來決定的。所以評價一款遊戲是否易於上手有個很重要的原則，就是玩家是否容易進入角色。

　　電子遊戲有一個經典的套路是王子救公主的故事，甚至古印度史詩《羅摩衍那》裡也有拯救公主的故事。《超級瑪利歐》系列從一開始就沿用了救公主的標準套路。據統計，從第一代一直到 2017 年的《超級瑪利歐：奧德賽》，公主一共被抓了二十次。遊戲如此設計，除了這是傳統文學作品裡也常見的設定以外，更重要的是早期電子遊戲主要是男性玩家，所以這種拯救公主的套路非常迎合早期遊戲玩家的喜好。

　　類似情況在早期電子遊戲裡很常見。電子遊戲裡有很多靠著第一印象吸引人的成功角色，比如《古墓奇兵》裡的蘿拉，性感的身材和暴露的穿著幾乎是所有玩家對蘿拉的印象。現實世界裡我們不可能找到一個考古學家這樣穿衣服。

　　在同時代的遊戲裡，《仙劍奇俠傳》的整體品質不遜色於歐美和日本遊戲，尤其是在敘事的成熟度上。但這不代表《仙劍奇俠傳》的人物塑造就是成功的，它甚至存在非常明顯的失敗案例，比如趙靈兒。這裡強調一下，我說的是角色

在作品裡的塑造技巧，而不是角色本身的設定。趙靈兒的設定是非常成功的，但是塑造技巧是欠缺的。遊戲前半部分對角色的塑造過於單薄，甚至紙片化，到後半部分又出現了一個巨大的轉折。使命從天而降以後趙靈兒獲得了成長，隨著劇情的衝突加劇，人物形象也變得更加豐滿。相較之下，林月如的形象自始至終都非常豐滿，有著明確的目標和動機，並且和自己的家庭背景直接相關，在人物關係和事件的衝突上也有著豐富的回饋。當然，趙靈兒有更高的人氣，這和那個時代以男性玩家為主的遊戲環境息息相關。

中國電子遊戲在人物塑造方面非常值得參考的是《劍俠情緣外傳：月影傳說》，四位女主角的人物塑造都極其豐滿，人物的性格、背景、喜好甚至遊戲內的說話風格和用詞習慣都截然不同。而遊戲裡男主角楊影楓和四人的互動也影響了遊戲的最終結局。

RPG 裡的人物塑造和傳統文學作品有著明顯的區別。在傳統寫作教育裡，老師會告訴學生，除非是相當有天分的人寫出來的作品，或者一開始就直奔拿獎的作品，否則絕大多數作品的人物塑造要有明確目的性，至於人物性格豐滿與否並不是非常重要，只要保證每個角色的行為都有明確的動機就好。在傳統文字載體上很難表達出這種豐滿性，真正能表達出來的都是大師。但是在電子遊戲裡，因為載體有圖像屬性，同時玩家可以參與其中，這就使人物的豐滿性變得異常重要，而這也是多數中國單機遊戲所欠缺的。舉個例子來說，在傳統文學作品裡，如果要表現一個人道德水準高，最簡單但最糟糕的方法就是直接告訴讀者：這是一個道德水準高的人。聰明的做法是側面描寫，比如在面對地上的錢時，他不會撿；在面對倒地的老人時，他會扶起來，沒有直接寫他道德水準高，但是讀者看得出來。而在電子遊戲裡，這就變得非常複雜了，如果想表達主角的道德水準高，那麼別人家裡的物品到底可不可以拿？

《歧路旅人》就是一款人物塑造極為成功的作品，遊戲的八個角色在面對同一情況時的處理方法截然不同，完美地襯托出了八種不同的人物性格和行事風格。而能做好這一點的遊戲屈指可數。

在電子遊戲裡，塑造人物最難的地方就是要讓人物和世界有互動。《薩爾達傳說：曠野之息》是一款人物對話很少的遊戲，但對人物的塑造極為成功。

比如遊戲裡的普爾亞是一位年紀大但是外表年輕且有童心的女性，如果你在遊戲裡不小心看到了她的日記，之後在和她的交流中她會直接移除玩家希卡之石上的道具，當然這只是開玩笑，可是所有玩家到這裡都會嚇一跳。再比如，在卡卡利科村的村長家有個小女孩叫帕雅，這是一個幾乎毫無存在感的角色，玩家的主線推進和她沒有任何關係。但是隨著遊戲的推進，玩家去看她的日記就會發現關於她的內容一直有更新。

- 林克大人他英俊威武，儀表堂堂……和我心中描繪的勇者一模一樣。精緻聳立的雙耳，柔順的金色鬢角，還有那沒有絲毫凌亂的頭髮……不知道為什麼，我就是無法抑制內心的悸動。

- 雖然我還是……不習慣和年輕男性相處，但現在終於能夠正視林克大人的眼睛和他說話了。雖然還是覺得有點兒害羞……但我的目光始終無法從他身上移開。是因為他那雙美麗的藍眼睛嗎？真是不可思議。

- 林克大人應該很喜歡薩爾達公主吧……如果是那樣的話，我覺得他們倆十分登對。我會永遠祝福他們。可是，每次只要一這麼想，我的心就像被揪住了一樣，非常難受……或許是我生病了吧。明天，我一定得去找奶奶拿點藥才行……

- 我去找奶奶拿藥的時候，奶奶就只是一直對我笑……雖然我也問了博嘉多和多朗，但他們也只是一直對我笑。結果到了最後，我也沒能拿到藥……

- 奶奶告訴我了。看來我好像是戀愛了。就算這段感情沒有結局，我也不會去強求些什麼。他的幸福……大家的幸福，就是我的幸福。對於他，我心裡充滿了感激之情，因為正是他讓我體會到了什麼才是愛情。

在這個過程中，帕雅從來沒有當面表達過自己的態度，但是帕雅一直在跟遊戲的世界互動，玩家可以從另外的視角看到這些。雖然這個角色台詞極少，但是塑造得相當成功。

每個電子遊戲的角色都不應該獨立於遊戲世界。

為什麼我們要在遊戲內種田和養寵物

現代電子遊戲有個很有意思的趨勢，就是多少都會加入一些非人物的養成類機制，比如養寵物和種田。我們從最單純的種田遊戲說起。

1993 年，和田康宏在準備製作《牧場物語》時被上司問了一個很簡單的問題：「人們為什麼會去玩一款模擬工作的遊戲？」和田康宏的回答也很簡單：因為有成就感。

和田康宏在製作《牧場物語》時提出了一個很重要的概念：抽象數值成長產生的成就感是很微弱的，最好的成就感是能讓玩家直觀感受到的。這句話是沒錯的，但是在製作中，和田康宏遇到了這句話帶來的問題。當時的遊戲大多有戰鬥環節，從古至今，大多數人對於遊戲內戰鬥的理解是宣洩暴力，但事實上並不只是如此，**遊戲內的戰鬥有兩個非常重要的作用：一是可以幫助製作人控制遊戲的整體節奏，需要放慢的地方就讓敵人強一點，需要快一點時就讓敵人弱一點，通過強弱的調整和循環交替，讓玩家不至於過於無聊或者疲勞；二是雖然遊戲內的攻擊力、防禦力、經驗值、等級等數值帶來的成就感並不好，但是隨著這些數值提升，玩家消滅敵人以後的成就感確實是無限高的。也就是說在傳統遊戲裡，數值升高並不會直接提供成就感，而是戰勝敵人。**

和田康宏的做法就是把成就感拆散成一點一點的小細節，比如種子發芽，乳牛產奶、母雞下蛋，再比如在遊戲內結婚。

除此以外，《牧場物語》的成功還源於兩點：一是都市人對農場生活的長久嚮往；二是剔除了農場生活裡枯燥和糟糕的成分，只留下那些讓人開心的內容，比如成長和收穫。

《牧場物語》以及近年比較成功的《星露谷物語》在遊戲機制上最成功的設計，都源於遊戲的宏觀任務和微觀任務的合理配置。

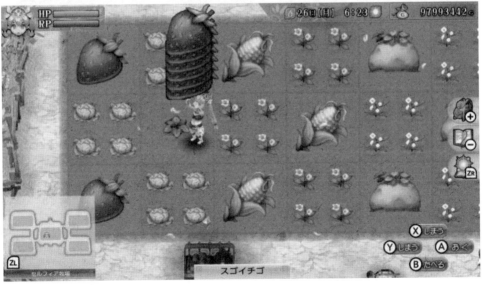

▲ 圖 11-7　時至今日各個平臺的電子遊戲玩家都熱衷於農忙

　　這類遊戲的宏觀任務其實非常明確，每個玩家都希望在遊戲裡建立一個符合自己預期的牧場，這是一個沒有明示、但是大多數玩家能達成共識的最終任務。同時，遊戲內還加入了大量的小任務來鼓勵玩家不要半途而廢，比如蓋房子和升級房子，比如每天去擠牛奶。這些或大或小的任務合理串聯起整個遊戲過程，最終邁向一致的宏觀任務。

　　這兩年類似的遊戲非常多，而大部分遊戲並沒有取得《星露谷物語》的成就，這是因為它們在任務和遊戲節奏之間的控制做得比較失敗。《星露谷物語》的成功並不是靠著單純模仿《牧場物語》，它汲取了《牧場物語》的優點，甚至做得更好。當然，這類遊戲非常看重目標人群，並不是所有玩家都對這些內容感興趣。在《牧場物語》最受歡迎的年代，也有知名遊戲人抨擊過裡面的這些工作不過是「電子奴役」。

這類遊戲的常見機制中有一點比較特殊——釣魚，不只存在於農場類遊戲裡，甚至已經快成為 JRPG 的「標配」。釣魚這個機制被廣泛利用主要有兩個原因：一是日本釣魚文化盛行；二是遊戲裡需要有持續創造驚喜的機制，釣魚就是一個非常出色的驚喜製造機。日本遊戲產業裡甚至專門有一類玩家以釣魚為核心訴求，每進入一款遊戲都不玩遊戲主線劇情，只是在遊戲裡釣魚。

另一個比較成功的案例是《食人巨鷹 TRICO》，在該遊戲裡，你要養的是一隻大鷲。這隻大鷲身上覆蓋著羽毛，有貓一樣矯健的身體，但是體型巨大。它也有很多寵物的性格特色，比如偶爾的撒嬌、偶爾的不聽話和偶爾的心意相通。這些內容疊加在一起，會讓玩家覺得彷彿自己真的在遊戲裡養了一隻寵物。

▲ 圖 11-8　《食人巨鷹 TRICO》裡對於大鷲的塑造十分成功

■ 「動森」裡屬於你的小島

任天堂是一家很了不起的公司，在人們不願意出門的時候，它跟 Niantic Labs 合作推出了《Pokémon GO》鼓勵玩家出門；在無法隨意走動的疫情期間，任天堂又推出了「動森」系列在 NS 平臺上的新作品（以下簡稱「動森」）讓大家不想出門。

網上有個很經典的段子，說中年男人每天下班回家前都會在車裡待一段時間，因為車對於他們來說是個完全自由的空間。那些沉迷遊戲、釣魚或者去酒吧的中年男人也是如此，女性也有類似的情況，每個人都有一個家庭和工作以外的空間。

　　「動森」在全世界熱銷，這讓很多遊戲製作人和遊戲媒體感到意外。在絕大多數國家，媒體採訪時都獲得了幾乎一樣的答案：我玩這款遊戲，只是想找一個地方待著而已。

　　也就是說，這款遊戲真的成為現實世界的避風港。

　　我在本書一開始提到過遊戲內空間的概念，而**最為強大的空間設計是讓玩家自然而然對遊戲內空間產生依賴性**。這是非常非常困難的，甚至只有極少的遊戲曾經做到過，而那些做到的也基本是 MMORPG。「動森」做為一款偏向單機流程的遊戲，能夠做到這一點更是罕見。

　　玩家的虛擬空間建構有兩個很重要的因素。一是**這個空間只能有少量的挫折感，不能有嚴重的負面情緒產生**，就像很多人雖然狂熱地喜歡「魂」類遊戲，但是肯定不會長時間在魂類遊戲裡閒逛。做為放鬆自我的虛擬空間，「動森」做得好的地方就是在遊戲內，玩家感受不到任何強烈的負面情緒。二是**這個空間內是有情感維繫的**，單純放鬆的空間也不能吸引玩家，建立情感紐帶是必須的，遊戲裡和小動物的情感連結設計就相當出色。

　　可以做到這一點，就是優秀的遊戲機制設計。

　　「動森」系列有一個非常大膽的設計，遊戲裡的時間和現實中的時間是絕對同步的，你沒辦法在遊戲裡快速度過幾天，必須和自然時間一樣慢慢地等待。這個設計稱得上極其大膽，但確實取得了相當不錯的效果。主要原因其實並不是這個設計本身有多好，而是這個設計配合了遊戲內大量的激勵措施，可以大幅延長玩家的遊戲時間。換個角度來說，如果遊戲內沒有那麼多的激勵設計，這個同步時間的機制可能就是個糟糕的設計了。

　　「動森」在讓玩家持續遊戲的激勵措施設計上非常優秀。比如玩家可以收集魚、家具，甚至自己的鄰居，同時遊戲裡豐富的創造性功能可以讓玩家在遊

戲裡大展身手。在大部分有戰鬥環節的遊戲裡，擊倒敵人是最大動力，而在「動森」裡，把自己的小島和家佈置得比別人漂亮也是一種動力，這點是很多遊戲經常忽視的。

除了這些宏觀上的設計，遊戲裡的一些小細節堪稱遊戲企畫的教科書。

為了防止玩家對遊戲內容感到疲勞，遊戲裡會不斷刷新各種元素，比如各種蟲子、魚、貝殼、果實，還有可以探索的島嶼，這些元素的目的是讓玩家不要在一個地方無所事事，激勵玩家多動動，在這個動的過程裡就可以消磨掉時間，減少玩家在單件事情上重複勞動可能產生的負面情緒。

所有「動森」的玩家應該都有這個體驗，在遊戲中跑著跑著就莫名其妙地過了半天的時間。而玩家在這個過程中又不會覺得累，因為遊戲裡的大部分收集元素和任務屬於羽量級，玩家可以隨時結束自己的遊戲，任何時間退出遊戲都沒有懲罰，也就是說，沒有任何外力強迫玩家必須玩下去。

《足球經理》和打造你的隊伍

體育類遊戲一直是遊戲產業的重要組成部分，比如 EA 就有一個非常知名的 EA Sports 團隊專門開發體育遊戲，也是 EA 非常有價值的部門之一。

現實世界裡的體育運動分為兩個組成：一是身體運動，顯而易見這是最純粹的體育運動；二是腦力運動，這是球類運動特有的策略成分。而體育遊戲就是取消了身體運動的部分，把關注點放在腦力運動上。尤其是足球和籃球這種球類運動，真的去球場上參與的成本過高，需要購買裝備、尋找場地、尋找隊友和對手，更重要的是，大部分人的身體狀況也無法負擔他們參與高強度的運動。所以體育類遊戲也有了它的目標受眾。

在體育類遊戲裡，足球遊戲一直是最受關注的一個分支。一方面是因為足球本身做為世界第一大運動，受眾群體的基數非常大；另一方面是足球的規則設計非常適合改編成電子遊戲。

足球遊戲有兩種明顯的分類：一種是以 FIFA 和《實況足球》為代表的擬真足球遊戲，玩家模擬球員，組隊參與比賽；另一種是模擬經營遊戲，玩家扮演的是俱樂部經理和教練。《足球經理》就是模擬經營遊戲裡的佼佼者。

　　《足球經理》並不是一款對新手友善的遊戲，甚至是一款很容易勸退一般玩家的遊戲，因為這個遊戲的數值系統過於複雜，比如下圖是遊戲的實際介面：

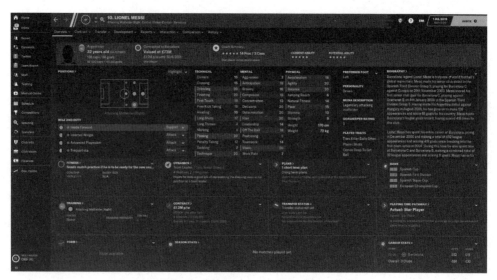

▲ 圖 11-9　《足球經理》中這些密密麻麻的文字
就是玩家要在遊戲內時刻關注的內容

　　大部分人看到這堆密密麻麻的文字肯定會一頭霧水，甚至想直接關掉遊戲。但事實上，真正的遊戲玩家並不會覺得遊戲內的數字過於複雜，因為遊戲裡的大部分數字是不需要我們太在乎其實際意義的。玩家需要做的只是對比不同球員某些數值的高低，至於數值高多少、可以達到怎樣的效果，這些並不是很重要。

　　這也是電子遊戲設計裡非常重要的一點，遊戲的數值系統很重要，但是並不需要為玩家詳細交代裡面每個數值的具體含義。例如在《暗黑破壞神》系列裡，雖然數據非常複雜，但玩家要想衡量自己的實力強度，看 DPS[1] 的數據就足

---

[1]　Damage Per Second，每秒輸出傷害。——編者注

夠了，剩下的數據是為極少部分硬核玩家準備的；另外，也可以讓玩家感覺遊戲團隊在數值上下了工夫，是一種心理暗示。

《足球經理》在球員數值的量化上也明顯下了很大的工夫。事實上，歐洲已經有相當多的職業球探透過這款遊戲來選擇球員，甚至用它來評價球員的價值。在很多情況下，這款遊戲承擔了現實中球探的一部分工作。對於一款電子遊戲來說，這應該算是前所未有的成就了。

《足球經理》的成功用一句話形容就是：「鍵盤俠」的勝利。無論哪個國家，無論何種足球論壇，裡面都彷彿是一群足球教練在交流，討論的都是各種戰術的合理性和球員的狀態、選擇。所以事實上，《足球經理》滿足了這部分人的需求，如果你認為自己的判斷是正確的，那麼可以在遊戲裡嘗試一下。

席德梅爾和 4X 填色遊戲

戰爭模擬是遊戲的主要源頭之一，如棋類遊戲就經常被用來模擬戰爭和國家的經營。《左轉‧襄公二十五年》裡記載的「衛獻公自夷儀使與寧喜言，寧喜許之。大叔文子聞之，曰：「……今寧子視君不如弈棋，其何以免乎？弈者舉棋不定，不勝其耦，而況置君而弗定乎？必不免矣！九世之卿族，一舉而滅之，可哀也哉！」就是用圍棋比喻戰爭。《戰國策‧楚三》裡提到的「夫梟欐之所以能為者，以散棋佐之也。夫一梟之不如不勝五散，亦明矣，今君何不為天下梟，而令臣等為散乎？」就是在用當時盛行的六博棋比喻經營國家。

進入電子遊戲時代後，內容的豐富讓遊戲與戰爭和國家經營變得更緊密了，《文明》系列是其中的佼佼者。

1991 年的《文明帝國》是該系列的鼻祖，運行在 DOS 系統上，也是奠定了《文明帝國》系列的經典的一代。早期畫風還是點陣風，並且採用的是八格城池，從《文明帝國》開始就創造出了從古到今的世界觀，也有了永恆的「再來一回合」。《文明帝國》也成為最出名的 4X 遊戲，這個 4X 指如下內容：

- explore（探索）：玩家要在遊戲的地圖上長期探索，甚至持續到遊戲結束。戰爭迷霧背後的世界會持續吸引玩家。

- expand（擴張與發展）：在完成區域的探索以後，玩家會想要控制更多的區域，在遊戲裡較為常見的表達方式是改變一個區域的顏色，這類遊戲也被玩家戲稱為填色遊戲。

- exploit（經營與開發）：玩家需要維持自己在遊戲內的生產和經營，甚至發展科技。有些玩家非常熱衷於這個環節，也被戲稱為「種田黨」。

- exterminate（征服）：多數情況下遊戲獲勝還是要依賴戰爭，透過軍事行動統治其他區域。

日後，具備這些元素的遊戲都被稱為 4X 遊戲。

4X 遊戲在很多遊戲企畫口中也被稱為「創世遊戲」。玩家除了要像遊戲世界中的「創世者」一樣決定遊戲裡的人物和國家的命運以外，還要參與很多內容，其內容的豐富程度遠遠超出了其他遊戲類型需要考慮的內容。玩家要同時在 4X 四點上合理分配自己的精力和時間，這也是不同性格的玩家在玩 4X 遊戲時，採用截然不同的遊戲方式的主要原因。有些玩家把它當做軍事遊戲，還有的玩家在遊戲裡發展科技。

包括《文明帝國》在內，主要的 4X 遊戲都能夠滿足不同玩家的不同訴求，甚至連遊戲怎樣算是獲勝都考慮到了不同玩家的喜好。在遊戲裡，玩家可以藉由統治世界獲勝，也可以藉由外交獲勝，甚至可以藉由建造宇宙飛船獲勝。無論哪種性格的玩家，都可以按照自己喜歡的路線完成遊戲。

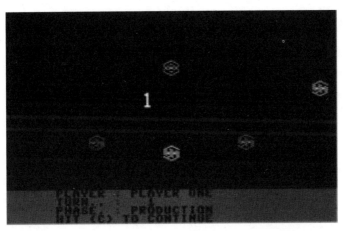

▲ 圖 11-10　1982 年的 Andromeda Conquest 和 1983 年的
　　Reach for the Stars 是 4X 遊戲的早期雛形

　　但這些都不是 4X 遊戲給玩家最深刻的印象，一般玩家提到 4X 遊戲，想到的只有「殺時間」。

　　《文明帝國》應該是遊戲史上最知名的「時間黑洞」遊戲，玩家打開遊戲以後，不知不覺就過了一夜，甚至更久。

　　心理學上有一個概念叫做「蔡加尼克效應」（Zeigarnik effect），認為那些尚未處理完的事情，會比已經處理的事情更加令人印象深刻。而相較完成目標後的喜悅和成就感，目標即將完成會對玩家產生強烈的激勵作用，這就是《文明帝國》系列「下一回合」的理論基礎。每個下一回合的成本都相對較低，點點滑鼠就可以，於是玩家會一直想要去點。

　　簡明的目標推進手段讓玩家形成了遊戲慣性，以為自己只要付出一點，就可快速完成目標。前一節提到的《足球經理》也採用了這個思路，成為體育遊戲玩家間知名的「殺時間」遊戲。

　　這種設計思路存在於多數遊戲中，一些遊戲就是基於這一點，把大任務拆解成很多看似容易完成的小任務。

《模擬市民》和《模擬城市》

　　模擬經營遊戲向我們展現了很多赤裸裸的現實，比如《大富翁》裡的「圈地建樓」，在遊戲裡無論買賣股票還是投資公司收益都遠不如建樓。如果當年有人願意多研究一下這款遊戲，說不定能抓住機遇，實現財富自由。當然這是笑談。

　　《模擬城市》誕生於 1989 年，由威爾・萊特（Will Wright）設計，開創了模擬經營類遊戲的先河，玩家可以在遊戲裡假裝自己是市長，經營自己的城市。這在當時充滿了「打打殺殺」的遊戲市場裡顯得十分另類。1991 年，萊特因為一場大火失去了自己的家，之後就開始考慮製作一款有虛擬房屋的遊戲。萊特拿著方案找到了 Maxis 公司，但是被直接否決。1997 年在 EA 收購 Maxis 公司後，EA 選擇相信他，並且開發出了模擬遊戲的另一個巔峰《模擬市民 (人生)》。

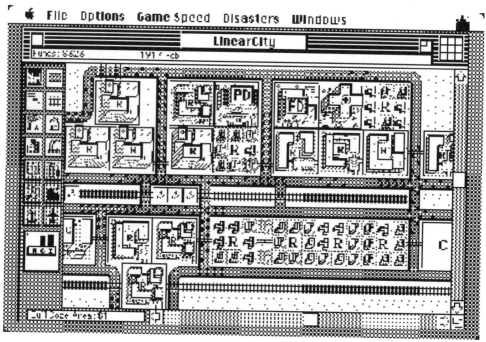

▲ 圖 11-11　最早《模擬城市》在 Mac 上的雛形

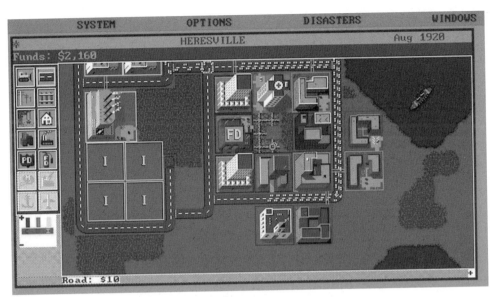

▲ 圖 11-12　第一個版本正式上市的《模擬城市》

▲ 圖 11-13　最早的《模擬市民》

我有一位好友是狂熱的《模擬市民》玩家，一直到本書出版，他已經玩了六年的《模擬市民4》。這款遊戲之所以能夠持續吸引他，是因為在現實世界裡，他只能「蝸居」在自己不到 6 坪的出租屋內，只有電子遊戲可以給他提供一個相對自由的生活空間。他是在用遊戲空間代替自己現實生活裡的空間，雖然聽起來有些可怕，但是對於很多人來說這就是現實的生活。

我還有一位好友是《模擬城市》的玩家，他是一名建築設計師，對城市規畫非常感興趣，所以在遊戲內嘗試各種自己想像中的城市規畫方案。對於他來說，《模擬城市》就是一個巨大的實驗室。

模擬經營遊戲最吸引人的地方，就是可以完成自己現實裡無法實現的夢想。這也是電子遊戲的魅力之一，在遊戲的虛擬空間內，玩家可以實現很多現實世界裡無法完成的目標。類似的還有《微軟模擬飛行》，做為一款模擬飛機駕駛遊戲，主要受眾人群就是那些對高空有嚮往、但是又沒有能力真正開飛機的人。《模擬樂園》是滿足那些希望擁有自己的遊樂場和一片空間讓自己胡亂創造的人。

除此之外，模擬經營類遊戲的流行有個很重要的理論基礎，那就是人類具有創造欲。遊戲化的書籍裡都會講到一個名為成就感的概念。成就感是驅使玩家堅持下去的主要動力之一，模擬經營遊戲就是如此，它可以把創造欲轉化為成就感。《模擬城市》和《模擬市民》都是典型應用了這種思路的遊戲。

在其他類型的遊戲裡也有類似的應用，甚至是在玩家意識不到的地方。比如《暗黑破壞神》系列的裝備系統，玩家需要根據自己的角色找到適合的裝備搭配，而《暗黑破壞神》系列的裝備數量極多，數值系統極為複雜，連高手玩家都要透過一系列數學計算判斷最合適的裝備搭配，這個過程也滿足了玩家的創造欲。你的裝備帶來能力上的提升，可以輔助你擊倒敵人，也就轉化為了成就感。

12 大決戰

為什麼我們需要 Boss 戰

1975 年，Plato 系統裡有過一款名為《地下城》（Dungeon）的遊戲，這款遊戲第一次使用 Boss 這個單詞指稱遊戲裡的最終敵人。這款遊戲也是最早的美系 RPG。往後，Boss 就成為絕大多數 RPG 的設計元素。

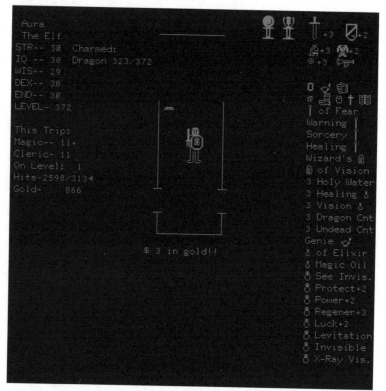

▲ 圖 12-1 《地下城》的遊戲畫面

一般在電子遊戲裡，敵人的外表會有明確的區分，玩家可以一眼看出敵人的功能性。絕大多數電子遊戲裡 Boss 的特點也可以一眼看出來，那就是特別大。之所以這麼設計有兩個原因：一是單純靠設計的話，玩家可能無法想像出對手的實力，那麼直接讓越強的體積越大就好；二是體積大的敵人帶給玩家的視覺衝擊也更強，這樣玩家獲勝後的成就感也更高。

從遊戲機制來說，Boss 戰本質上是一場大考。和我們上學時一樣，有學習的過程、小考，最終是大考。這種循序漸進的過程對大部分人來說更容易被接受。

一般情況下，Boss 戰有以下四點意義：

1. 為玩家提供一個階段的獎勵，這個獎勵是道具、裝備，也是戰勝 Boss 的快感。

2. 為玩家提供一個里程碑，記錄了階段性目標，讓玩家的目的更明確。

3. 測試玩家對遊戲機制的理解程度，讓玩家掌握後續遊戲裡需要的技能。

4. 創造緊張感和渲染史詩感，增強玩家的代入感。

現今的電子遊戲，Boss 戰的設計邏輯有兩種：一種是強力的敵人，敵人本身在數值層面很強大，玩家靠著之前的數值很難戰勝，傳統的 RPG 基本使用了這類設計；另一種是類似音樂遊戲的 Boss 戰，每個 Boss 都有既定的戰勝套路，這個套路和平時的小規模戰鬥可能毫無關係，多數動作遊戲採用了這種設計模式。

這兩種模式談不上好壞，只是針對不同類型的遊戲採取的不同方法而已。

▲ 圖 12-2　遊戲裡的 Boss 要給玩家很強的視覺衝擊

　　Boss 戰是個經常被一些大的遊戲開發專案所忽視的內容。比如《超級瑪利歐》系列是一個成功的遊戲類型，但「瑪利歐系列」的 Boss 設計得多少有些失敗，比如《超級瑪利歐 64》裡的所有 Boss 就是把關卡內的「雜兵」做得大一點，戰鬥模式上也沒有明顯的創新點。當然這都不是最主要的問題，最大的問題是日後瑪利歐系列的大部分 Boss 其實和遊戲的劇情無關，經常會莫名其妙在某個地方出現 Boss。而回想《超級瑪利歐兄弟》，可以發現最後庫巴的出現是為了綁架了公主，雖然敘事上也挺無聊的，但至少為他的突然出現找了一個玩家能接受的理由。

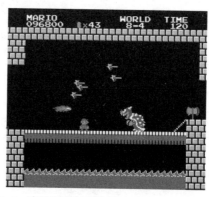

▲ 圖 12-3　庫巴應該是遊戲史上最出名的 Boss 之一

瑪利歐系列中最好的 Boss 設計來自《超級瑪利歐：奧德賽》，除了和遊戲劇情高度切題以外，也增加了很多遊戲內機制的互動，比如這一部裡，瑪利歐可以附身在某些道具裡。在「阿熾尼亞神殿」的 Boss 戰裡，玩家甚至可以附身在 Boss 懸浮的拳頭裡，用 Boss 的拳頭打 Boss 自己。

　　值得一提的是，在我看過的作品裡，最值得學習的是漫畫《七龍珠》裡的 Boss 戰。幾乎每一場 Boss 戰的橋段都設計得很完美，所有的 Boss 戰都包括四個組成部分：

1. 前期對 Boss 實力的客觀渲染，比如在「賽魯篇」前，讀者會先看到實力已經相當恐怖的人造人，之後知道賽魯的實力更是在人造人之上，形成了對比；在「魔人普烏篇」，可以透過界王神的言語和態度知道普烏實力的強大。每個 Boss 在實際出現前，一定會透過第三方側面描寫他的實力，讓讀者對這個 Boss 強大的實力有個客觀的認知。

2. 第一次面對 Boss 時大都會失敗，無論是面對比克大魔王、弗利扎、賽魯還是普烏，一開始都無法招架。在前一部分對 Boss 的實力有了客觀的認知後，在這一部分透過主角的失敗增強了主觀認知。

3. 所有的 Boss 戰裡都有犧牲，比如弗利扎殺害了克林，普烏殺了比克，甚至主角孫悟空都被賽魯殺死過。犧牲讓日後的 Boss 戰增加了仇恨的色彩，同時增強了讀者的代入感。

4. 透過某種絕招殺死最終 Boss，增強了 Boss 戰的儀式感。比如打敗弗利扎靠著超級賽亞人變身，而戰勝普烏是靠著元氣彈。

　　後來，很多玩家說《七龍珠》的橋段設置得過於俗套，但其實這反而讓《七龍珠》成為歷久不衰的作品，之後很多流行的漫畫學習類似的橋段設置。《航海王》在這一點上就做得相當出色，比如「司法島篇」裡客觀渲染了 CP9 做為秘密情報機關的實力，魯夫在第一次面對 CP9 時被徹底擊潰，之後妮可·羅賓被抓走審判，在最終決戰裡，魯夫靠著第一次使用的二檔戰勝了布魯諾。

　　如果我們歸納一下，會發現漫畫史上最經典的戰役基本遵循相似的套路。**套路不是錯的，只要用好。**

QTE 系統

　　QTE 是 Quick Time Event（快速反應事件）的縮寫。在遊戲中的特殊時刻，畫面上會出現一個或多個按鍵提示，玩家需要立刻或在規定的時間段內按下按鍵，繼而觸發一連串的動畫。

▲ 圖 12-4　QTE 系統在各種電子遊戲裡都出現過

QTE 在遊戲史上是很早就有的設計，但是一直到《莎木》，這類設計才被統一命名和高度歸納。而這個設計的源頭顯而易見就是音樂遊戲，尤其是日本的打鼓類遊戲，從一開始就存在類似 QTE 的設計。

QTE 被頻繁使用，核心原因是電影化敘事手法在遊戲裡的重要性越來越高。QTE 的特點非常明顯：

1. 在傳統電子遊戲裡，都有「播片」環節，透過動畫等交代故事劇情。但是這個過程經常會讓玩家感到乏味，而 QTE 就相當於在動畫過程中加入玩家可以操作的內容，提高了玩家的參與感。

2. 降低關鍵處的遊戲難度，比如複雜的跳躍機制很難，但是可以換成 QTE。《古墓奇兵》系列對 QTE 的使用大部分是這種情況。

3. 在戰鬥中，QTE 可以增強儀式感，比如最後一擊需要透過 QTE 完成。

《戰神》中的 QTE 就是這種情況下的應用。

對於遊戲開發者來說，使用 QTE 通常可以在相對低的成本下呈現出更好的動作效果。玩家角色和環境的互動是設定好的，不需要特地開發一套完整的動作系統。對於玩家來說，雖然 QTE 對反應力有所要求，但只要集中注意力也能順利過關，而且成功後的回報很高，所以很長時間內，玩家對 QTE 有很高的接受度。

單純從遊戲玩家的角度來說，QTE 並不是一個絕對好的設計，最嚴重的問題是**玩家在遊戲過程裡累積的戰鬥經驗在 QTE 裡是完全無用武之地的**。嚴格意義上來說，QTE 是降低了遊戲的難度，雖然在視覺上渲染了 Boss 戰的宏大屬性，但是減少了透過自己努力通關的成就感。比如《阿修羅之怒》就是一款過度依賴 QTE 導致遊戲性大幅度下滑的遊戲。

之所以現在還在大規模使用 QTE，最關鍵的原因還是 QTE 是一種提供電影化敘事手段相對簡單的方式。

好的 QTE 設計應該是鼓勵玩家使用 QTE、並在完成 QTE 之後有更高的獎勵，而不該是強迫玩家使用 QTE。

除此以外，手機遊戲大量使用 QTE 就毫無道理。現在已經有中國製手機遊戲大規模加入 QTE，但其實大部分遊戲並沒有敘事需求，QTE 就成了打斷遊戲戰鬥體驗的罪魁禍首。這些遊戲加入 QTE，顯然是沒有認真思考過 QTE 適合的應用場景，覺得主機遊戲裡有的設計一定是好的設計。

遊戲產業也做出一些類似 QTE、但是比 QTE 更容易被接受的系統，比如《黑暗靈魂》系列並不算有 QTE 系統，玩家在戰鬥期間沒有被提示要輸入什麼對應的按鍵，但事實上，《黑暗靈魂》裡絕大多數的敵人有相對既定化的戰鬥模式，要熟悉這些模式才可以順利擊倒敵人。

《汪達與巨像》裡不同尋常的 Boss 戰

《汪達與巨像》一直被認為是遊戲市場具有藝術表現力的遊戲之一。遊戲講述了玩家所扮演的男主角汪達為了拯救少女 MONO 的性命，偷了族裡的神劍「往昔之劍」，帶著因被詛咒而被奪去靈魂的少女的遺體，騎上愛馬前往邊陲的「遠古大地」，尋找傳說中能令人死而復生的神祕之術。

除了非常浪漫而殘酷的故事設定和渲染的淒涼遊戲畫面外，真正讓玩家記憶猶新的是遊戲主線故事裡是沒有任何雜兵戰的，只有十六場 Boss 戰，對應著十六尊巨像。

對於沒有玩過這款遊戲的人來說，很難想像在草原上騎馬，然後擊倒十六個敵人究竟能有多少樂趣，但是玩過遊戲的人都能體會到強大的遊戲性，和遊戲本身帶給玩家的巨大衝擊。一方面，這款遊戲雖然只有 Boss 戰，但是尋找 Boss，以及和 Boss 作戰的過程都是遊戲內容；另一方面，遊戲裡空曠的草原和悲涼的環境給予玩家前所未有的體驗，一種在以往電子遊戲裡不曾體驗過的代入感，這也是很容易被電子遊戲忽視的一點。如果視覺上的代入感強，那麼玩家就會降低對遊戲傳統敘事內容的訴求，甚至在某種程度上會降低對遊戲性的訴求。

▲ 圖 12-5　形態各異的巨像成為遊戲中僅有的敵人

　　《汪達與巨像》的設計影響了日後的很多遊戲，《戰神》系列、《薩爾達傳說：曠野之息》都明顯受到了這款遊戲的影響

主角就是 Boss

　　大部分 RPG 站在敵對怪物的立場上看，主角應該是最大的 Boss，甚至可以稱得上是「連續殺人狂」。一堆小怪被主角陸續「殺死」，本來以為可以拯救自己的大怪物也被主角一個個「砍死」。最終，主角「砍死」了小怪物所有的希望。更重要的是，主角是可以無限重生的，這就更加渲染了遊戲裡敵人的悲壯。這種反向思考方式有種有意思的解讀，比如當你選擇了簡單模式，對於遊戲裡的敵人就是超級困難模式；當你放棄了一款遊戲，就相當於遊戲裡的敵人獲得了最終的勝利。

　　聽起來很奇怪，甚至有些缺乏人性，但這是很多遊戲在塑造的主角形象。

　　無論中國的網路小說，還是日本的「輕小說」，受歡迎的那些多少有類似的套路，主角一定是個一路過關斬將、誰也不服的人，這才讓人更加想成為他。但是，轉換一下視角也會發現，其實大部分主角顯得沒有那麼有正義感。

　　提出這個觀點，一方面是希望玩家不要在遊戲內深究太多道德問題，遊戲中的世界畢竟是虛擬世界，開發者為了讓遊戲好玩投入了大量精力，過程中一定會忽視一些現實世界裡的道德評價標準；另一方面，遊戲的設計者也可以換個角度考慮自己的每個角色，如果立場不一樣，那會有多大的反差？

13 挑戰生理極限

RTS 遊戲的沒落和 MOBA 的崛起

RTS 即時戰略遊戲的沒落是一個非常有意思的話題，一個時代的電子競技王者，進入下一個時代以後，竟直接消失了。

很多書從商業上分析了 RTS 遊戲沒落的原因，我的另外一本書《電子遊戲商業史》裡也提到了商業原因，有三點：

1. 電腦遊戲在歐美和日本本來就不是主流遊戲，而 RTS 遊戲又因為需要滑鼠的控制，沒辦法順利跨平臺，所以歐美公司的開發慾望越來越低，甚至一批小公司在靠著 RTS 遊戲成名以後也轉而開發其它類型的遊戲。

2. RTS 遊戲平均生命週期太長，導致難以估計後續遊戲的開發進度，如暴雪對專案進度的規畫就明顯出了問題。

3. RTS 遊戲本來就不是一個多大的遊戲類型，遊戲單品一直很少，不像 RPG 之類的市場可以在同一時間容納幾十款甚至上百款遊戲，這就導致了風險徒增。

但這不是本書主要想講的內容，我們更想關注的是遊戲本身。

RTS 遊戲在機制上是有先天缺陷的。

很多人說 RTS 遊戲沒落的主要原因是操作困難，這句話其實沒錯，但並不完全是因為難度，難度背後還有隱藏因素——操作的訊號雜訊比太低，或者說無用的操作太多。

訊號雜訊比低的第一個問題就是對觀眾不友善。RTS 遊戲的遊戲過程中有大量的細節操作，這些操作玩家是無法感知的，或者說只有本身的水準非常高的玩家才能感知，一般觀眾是看不懂的。

舉個例子，我曾經在和朋友逛商場時，看到商場裡有《鐵拳》的比賽，朋友從來沒玩過《鐵拳》，我最後一次玩的還是《鐵拳 5：闇黑復甦》——那是很多年前的遊戲了。但是我們兩個興致勃勃地看了兩個多小時，哪怕我們不懂角

色的技能，但是至少我們可以看懂打架。與此類似的是《英雄聯盟》和《反恐精英：全球攻勢》，有大量觀眾根本不玩這兩款遊戲，甚至從來沒有打開過，但是比賽他們依然可以看得下去。

觀眾喜歡的比賽基本是拚反應的，而且是瞬間反應，按照這個標準，玩家觀賞度最好的分別是格鬥遊戲、射擊遊戲、MOBA、RTS 遊戲。

格鬥遊戲因為平臺原因在中國相對較少，但是在歐美和日本一直非常流行，像《任天堂大亂鬥》就有自己的賽事，並且觀眾極多。而射擊遊戲是整個電子競技領域裡，唯一一個單款類型能夠有多款遊戲在同時間有大量受眾的。熱門的電競遊戲，一定能讓觀眾盡可能理解玩家的操作，**雙方的資訊越對等，觀賞性越強**。

訊號雜訊比低對選手本身的體驗也不友善。

在《星海爭霸》的巔峰時期，比賽對玩家的 APM（Actions Per Minute，每分鐘操作的次數）有著極高的考驗。頂尖的《星海爭霸》選手裡，Nada 和 Dove 的 APM 達到過 400，而 Herimto 在一場比賽裡的 APM 達到過驚人的 577。

對於《星海爭霸》的電競選手來說，要提升自己必須提高各種操作水準，甚至是各種沉沒操作。

你在一件事上投入了越多的成本，失敗以後的負面反饋也會越強烈，這是大家的共識。

在競技項目裡，勸退玩家的永遠不是勝利，而是失敗。對於一款電子遊戲來說，失敗的反饋要盡可能合理，要讓玩家體會到挫折感，但不至於挫敗到下次不想打開遊戲。

所以有個很顯著的體驗是，《星海爭霸》和《魔獸爭霸》玩起來會非常累，不一定是身體累，更多的是心累。

不考慮極端情況，一般《星海爭霸》一局的天梯比賽時間也只有五到十五分鐘，這個時間比《英雄聯盟》還要短，但是要累得多。

這個累的背後有兩個原因，一是「沉沒操作」過多，玩家有相當多的操作無法展現在結果上；二是操作上的差距很容易形成單方面的壓力，徹底「勸退」玩家。所以當玩家有更輕鬆的選擇以後，自然會拋棄給自己帶來痛苦的選擇。

這就是為什麼英雄聯盟、傳說對決這類的 MOBA 崛起，因為控制的單位少，「沉沒操作」較少，玩家容易參與，並且失敗後的負面效應更小。

事實上，MOBA 本質上也是一個「沉沒操作」較多的遊戲模式。這也是為什麼《英雄聯盟》和《王者榮耀》裡有大批玩家只玩大亂鬥，就是因為輕鬆。

一款遊戲在競技和輕鬆之間找一個平衡點是最難的。

所以 RTS 遊戲被放棄不是「難」這一個字可以簡單概括的，而是多種因素造成的——訊號雜訊比太低，「沉沒操作」太多，相關的負面反饋過於強烈，加上操作困難這一個客觀事實，使得遊戲的沒落幾乎是不可避免的。當大部分玩家習慣了 MOBA 的節奏以後，哪怕現在有公司再做出頂級品質的 RTS 遊戲，也很難續寫當年的輝煌。

看完前面的內容後，讀者有沒有發現一個最重要的問題？

在前面我預設了 RTS 遊戲＝競技遊戲。

幾年前，我第一次和朋友討論這個話題的時候就提到過一句話，**RTS 遊戲成也《星海爭霸》，敗也《星海爭霸》**。《星海爭霸》為這個遊戲類型提供了一個電子競技層面無限高的天花板，但是也讓玩家覺得 **RTS 遊戲就一定要做成競技類型**。

在《世紀帝國 II》重製版上市時，我玩了好幾個通宵。跟朋友聊天的時候，大家對這個系列嗤之以鼻，原因是「平衡性不好」，缺乏競技要素。但是問題來了，遊戲的本質不就圖玩個開心？

這就是我前面那句「成也《星際爭霸》，敗也《星際爭霸》」最主要的展現，**當現在所有人都預設 RTS 遊戲一定要走競技道路時，這個遊戲模式注定走向了死胡同。** 而《英雄聯盟》《王者榮耀》和 DotA2 裡的娛樂模式都避免出現這種情況，競技遊戲影響力大，但不代表所有玩家都是競技類玩家。

這裡還有個題外話，也是我前面提到過的一個話題，隨著 RTS 遊戲的沒落，可以發現電子競技主要以多人遊戲為主。除了團隊配合帶來了更多遊戲方式和發揮空間外，還有個原因就是多人遊戲可以大幅稀釋掉每個玩家對於失敗的負面反饋，你完全可以去抱怨你的隊友。

說實話，現在沒法「甩鍋」的遊戲，我都不想去玩。

電子競技遊戲需要挑戰玩家的操作極限，而電子遊戲不是。

智慧型手機和動作的精準控制

iPhone 開啟的智慧型手機遊戲時代有一件經常被忽視的事情，就是遊戲的操作方式迎來了一次巨大的變革。傳統電腦遊戲的互動方式是滑鼠和鍵盤，遊戲家機用手把，Nokia 時代的手機也是用鍵盤的按鍵操控，而 iPhone 的多點觸控技術提供了以觸摸為主的新操控方式。

至今，遊戲市場的操控方式一共有六種：

1. 滑鼠：有精準的定位能力，並且電腦使用者基本不需要另外單獨購買，但是需要一個水準以上的規格，並且基本只能在電腦平臺上使用。

2. 鍵盤：按鍵多，可以進行複雜的操作，但是沒有定位能力，電腦使用者基本不需要另外單獨購買，並且只能在電腦平臺使用。

3. 手把：定位能力不夠精準，可以跨平臺使用，但需要另外購買。

4. 觸控：有精準的定位能力，一般應用在智慧手機和平板電腦上，不需要單獨購買設備，但是很少在大螢幕設備上應用。

5. 體感：操控性和沉浸感最強，但幾乎每個平臺都需要單獨購買設備，投入成本也最大。

6. 音訊：因為使用場景受限，多數情況下只能做為輔助功能。

如果以詳細的操作媒介劃分的話，一共可以有下圖這些複雜的情況：

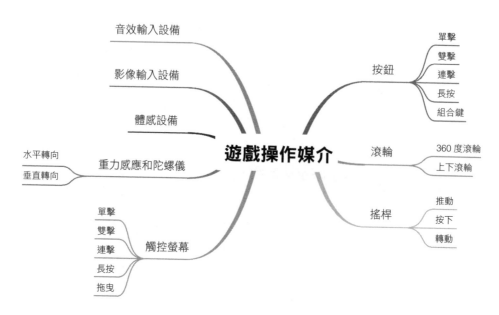

▲ 圖 13-1　遊戲操作媒介

　　在這些操作方式裡，觸摸是唯一一種可以做到和手指完全同步的方式，尤其是多點觸控技術的普及，更讓觸控的互動拓展了想像空間。在 iPhone 開啟的智慧型手機遊戲時代早期，絕大多數的熱門遊戲使用了這種特殊的互動方式。比如《切水果》《神廟逃亡》《塗鴉跳躍》《憤怒鳥》都是如此。

　　在那個時代，盡可能地利用觸控的效果本身就是賣點。而隨著智慧手機遊戲的發展，多數遊戲已經弱化了觸控這種核心互動方式。一方面是玩家對觸控喪失了新鮮感，另一方面是製作者也對觸控喪失了新鮮感，已經不願意在互動方式上花更多的心思。

彈幕遊戲和音樂遊戲

　　第一款節奏類音樂遊戲是七音社開發的《動感小子》（PaRappa the Rapper），於 1996 年 11 月發佈在 PlayStation 平臺。

真正收割這個市場的是 Konami。1997 年 12 月，Konami 的 Beatmania 上市，出現了現在被廣泛使用的下落式按鍵設計，音符會從上往下掉落，玩家需要在合適區域按出對應按鍵。

▲ 圖 13-2　Beatmania 和現代的音樂遊戲區別已經不大了

Konami 日後又推出了勁爆熱舞（Dance Dance Revolution），就是玩家所熟悉的跳舞機，踏板有上下左右四個方向，玩家需要用腳代替手指完成遊戲。

音樂遊戲本質上就是反應遊戲，如果音樂節奏能夠形成反饋，那麼體驗就會非常好。

事實上，進入 21 世紀第二個十年以後，音樂遊戲陷入了長久的瓶頸期。主要有三個原因：一是音樂遊戲的操作方式基本已經固化，只有按和拖曳兩種核心操作方式，很難在操作上創造出足夠的新意，導致哪怕看起來不同的音樂遊戲玩起來也很相似；二是音樂遊戲整體而言是小眾市場，很難做成大規模投資的遊戲，因此變得越來越小眾；三是最為核心的原因，音樂遊戲對新手非常不友善，或者說新手的正反饋來得太慢了。一款電子遊戲或者可以說任何產品，在恰當的時間給予玩家合適的正反饋是最重要的設計準則，但是對於音樂遊戲來說，

正反饋必須在經過大量練習、水準提升以後才可以獲得，所以音樂遊戲很容易在新手期「勸退」玩家。同時，音樂遊戲又是一種負反饋非常強烈的遊戲模式，玩家在一首幾分鐘的樂曲裡，因為一些極小的失誤也可能挑戰失敗，這種低容錯率即使對於水準較高的玩家來說，體驗也相當糟糕。

但這不代表這個市場裡沒有優秀的作品，Cytus 系列和 Deemo 都是其中的佼佼者。這兩款遊戲均來自雷亞遊戲，是智慧手機平臺上最成功的音樂遊戲。

這兩款遊戲最大的特色是在傳統音樂遊戲上，使用了更加充滿藝術性的美術風格，同時加入了敘事情節，這是以往音樂遊戲裡不常見的。即使以往的音樂遊戲有敘事，大部分也和校園相關，而 Cytus 系列是一個科幻故事，Deemo 則更像是一個奇幻童話。

進入 21 世紀以後，多數的音樂遊戲選擇加入一條清晰的敘事線，這麼做的核心原因也是希望透過敘事提高正反饋的數量和頻率。在傳統音樂遊戲裡，玩家必須要挑戰高分才有正反饋，而如果有了敘事，那麼推進劇情也可以做為一種正反饋。

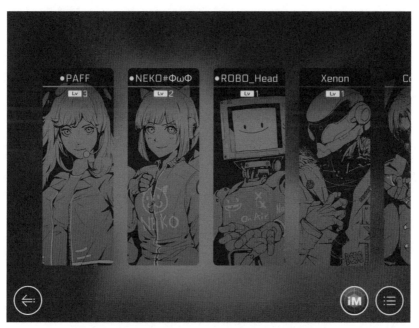

▲ 圖 13-3　兩款遊戲在美術風格上和傳統的音樂遊戲有鮮明的差異

MEMO

14 機制的關聯性

為什麼機制需要有關聯性

在提到關聯性之前，我們首先要瞭解機制的獨立性。事實上，現階段的大部分 3A 遊戲不只存在一種核心玩法。比如《祕境探險》系列，其實是四種核心玩法的集合，包括戰鬥、解謎、敘事、攀爬和移動，玩家從遊戲一開始就頻繁地在這四種核心玩法中切換，之所以這麼設計就是為了給遊戲提供節奏感。在這四種核心玩法裡，戰鬥的節奏是最快的，敘事是最慢的，解謎是最燒腦的，而遊戲裡經常用大量的攀爬和移動場景串聯這些內容，比如主角跟人交流完以後，需要走一段距離，然後爬上某個建築，之後就展開戰鬥，這麼設計是為了讓玩家自己掌控攀爬和移動的節奏。遊戲企畫透過調度這四種核心玩法，讓玩家可以合理地切換緊張和舒緩的節奏，這也是一款好遊戲必須要做到的事情。《祕境探險》還有一點做得非常巧妙。遊戲裡那些所謂的解謎設計其實都十分薄弱，更像是遊戲企畫讓玩家「誤以為」自己在解謎，這可以讓玩家切換心情，還能保證沒有讓玩家出戲。

事實上，這些看似獨立的核心玩法，玩家卻沒有過強的突兀感，每種核心玩法的過渡都非常自然且順利，這就是機制的關聯性。在很多情況下，玩家需要在這些核心玩法裡頻繁切換，比如戰鬥時玩家也需要移動和攀爬，戰鬥期間也可能有敘事。所以，其實是每個場景都有一個主要機制和幾個次要機制，下個場景只要把其中一個次要機制變成主要機制就可以，這就讓核心玩法間的過渡顯得非常自然。

設計師基思·伯根（Keith Burgun）提過遊戲開發有兩種類型，分別是 Elegant Game 和 Patchwork Game，兩者是以遊戲機制的關聯性來畫分的。如果一個遊戲機制和更多其他遊戲機制有關聯，那麼就是 Elegant Game；如果機制幾乎是獨立的，那麼就是 Patchwork Game。典型的 Elegant Game 是《薩爾達傳說》系列，遊戲裡的戰鬥技能同時可以用來解決遊戲裡的謎題，這點在《薩爾達傳說：曠野之息》裡發揮到極致，沒有任何一個技能的功能是單一的，甚至豐富到超越企畫團隊的預期。類似的是《古墓奇兵 9》，在這個遊戲裡，弓箭除了是戰鬥工具以外，還可以做為移動工具，在後面拴上繩子就可以用來攀爬。在絕大多數情況下，Elegant Game 是最優的選擇。

反之，如果一種機制在遊戲內的適用範圍非常狹窄，或者和其他機制完全沒有任何明顯的連動，那麼這個機制的設計就是糟糕的。

《王者榮耀》內的機制濫用

《王者榮耀》雖然坐擁數以億計的玩家，但是遊戲內的機制設計一直有缺陷，甚至存在巨大的失誤。

一般來說，遊戲裡有兩種明確的相剋關係，分別是屬性相剋和機制相剋。前文提到的《寶可夢》等遊戲屬於典型的屬性相剋，水屬性是一定可以「完勝」火屬性的。另外一種是機制相剋，比如在 MOBA 裡，刺客一定可以「秒殺」射手。

《王者榮耀》早期存在非常嚴重的機制濫用問題，最有代表性的就是位移和控制技能過多。

比如早期的英雄裡，李白的第一技能是兩段突進和眩暈，第二技能是減速；王昭君的被動技能是減速，第一技能有減速效果，第二技能有冰凍效果，第三技能也有減速效果；老夫子的第一技能是強制位移，第二技能有減速效果，第三技能有禁錮效果；趙雲的第一技能有突進和減速效果，第三技能有突進和擊飛。如果對比的話，會發現《英雄聯盟》裡同時擁有多段位移和控制技能的英雄至今都屈指可數，而且對技能的使用也有所限制，比如盲眼武僧和賈克斯做為遊戲裡同時具有位移和控制技能的強勢英雄，在遊戲裡，位移技能非常依賴視野道具來輔助其跳躍到目標點，也就是說，位移要付出金錢成本——買眼。

另外，技能數量本身就是非常重要的影響因素，《英雄聯盟》裡的大部分角色有兩個攻擊技能，一個是保命技能，另一個是大招，這是較為一般的搭配。該遊戲還會為某些先天比較脆弱且後天不容易出肉裝的英雄，配置更多的保命技能，比如「暗夜獵人‧汎」的 Q 技能可以進行一小段翻滾，E 技能可以將敵人擊退，在使用了 R 技能以後的 Q 技能還附帶了隱身；「虛空之女‧凱莎」的 E 技能在進化後可以隱身一小段時間，R 技能可以在位移的同時提供護盾。但是在《王者榮耀》裡，每個角色只有三個技能，導致大部分射手位沒有保命技能。

更重要的是，《王者榮耀》早期有主動釋放技能的裝備很少，之後陸續製作了兩件有主動釋放效果的保命裝，分別是「輝月」和「名刀」，其中「輝月」是法術加成裝備，只能法師出，而「名刀」理論上射手是可以出的，但刺客也可以出，甚至因為能為刺客提供移速，所以刺客的使用效果更好。而另外一件更為主要的保命裝備「賢者的庇護」因為沒有任何攻擊屬性加成，所以其提供的復活效果也很容易讓玩家在「團戰」中復活等死，對射手的輔助依然有限。當然，即便如此，很多射手也會被迫從裡面選出一件。

以上原因使《王者榮耀》裡射手的生存空間非常狹窄，甚至有很長時間，射手都無法在高分局和職業賽場出現，這顯然嚴重偏離了遊戲的設計初衷。

為了解決這個問題，《王者榮耀》的做法相當簡單粗暴，直接加強了射手位的裝備、射程和數值傷害，結果在 2019 年以後的數個版本裡，遊戲裡的射手變成了幾乎無敵的存在，尤其在後期完全無法處理。

這就是非常典型的機制濫用導致的連鎖反應，位移和控制技能過多，導致一部分英雄完全無法上場，所以只能透過數值的調整加強這部分英雄的實力。而在遊戲企畫裡，**利用數值彌補機制缺陷是最糟糕的一種設計**。

更加科學合理的做法是削弱現有機制，《英雄聯盟》的做法是大幅度削弱控制和位移技能，比如雷茲的 W 技能移除了直接禁錮效果，阿卡莉的 R 技能的眩暈效果被刪除，這兩個技能在修改前都使這兩個英雄成為職業賽場上的高勝率英雄。這些修改都是為了平衡遊戲的機制，雖然玩家的爭議很大，但是從平衡性角度來說，比《王者榮耀》的單純數值修改要合理得多。

事實上，如果看《英雄聯盟》的更新記錄，會發現 Riot 公司很喜歡削弱小技巧，不是削弱數值傷害，也不是重做機制，而是增加技能的冷卻時間，有時一個技能增加一兩秒的冷卻時間，就會引起質變。這也是《王者榮耀》經常使用的一種削弱手段。

這種調整思路在所有遊戲裡都可以看到，比如《最後一戰 3》剛推出時，狙擊槍的戰鬥力過強，而主機平臺有特殊的瞄準輔助功能，這就讓狙擊槍即使在近戰中使用也很容易瞄準，一時間狙擊槍成為肉搏武器。事實上，開發團隊有

很多方法可以改善機制，比如削弱狙擊槍的傷害性，或者調整狙擊槍的瞄準輔助。但製作團隊只是把狙擊槍的速度降低了 0.2 秒就解決了全部問題，對於近戰來說，這 0.2 秒影響太大了。

當然，遊戲產業也有用數值彌補機制問題的成功案例，例如暴雪的《暗黑破壞神》系列和《魔獸世界》。暴雪把遊戲內每個玩家的戰鬥能力高度數值化成一個 DPS 數值，然後藉由這個數值來評價玩家的戰鬥能力，這顯然也忽視了機制問題。但這個問題之所以在暴雪的遊戲裡不突出，還是因為玩家遊戲後期的技能其實都大同小異，技能系統相當於提供玩家更多的選擇空間。

《英雄聯盟》的蝴蝶效應

《英雄聯盟》相對數值敏感程度非常高，這就造成了遊戲內很容易出現因為一個裝備調整而產生蝴蝶效應的情況。

在 S10（第 10 賽季）前，製作方加強了「日炎斗篷」這件裝備，而這件裝備十分適合「坦克」類英雄使用。這就導致遊戲的「上單」英雄中「坦克」類英雄的出場率越來越高，高勝率的多數是「坦克」類英雄。為了避免「坦克」類英雄在後期無法處理，「打野」英雄特朗德就成為高出場率的選擇，這個英雄的 R 技能可以吸取對方的護甲、魔抗和生命值，也就是說，對方「坦克」越強，自己就越強。而在此之前，特朗德幾乎很多年沒有在職業賽場上出場，甚至在玩家的排位裡都很少出場，有數年的時間，這個英雄可以說是唯一一個在排位賽裡沒有統計數據的英雄，因為用的人實在太少。而特朗德的出場使得另外一個「打野」英雄鏡爪也提高了出場頻率，因為在「打野」時鏡爪對抗特朗德有壓倒性優勢，在此之前，鏡爪的出場率也不高。遊戲內「上單」和「打野」的生態變化，只是因為調整了一件裝備。

與之類似的情況，在 S7 時，一件「熾熱香爐」會對 ADC 位置大幅度加強，任何有護盾的英雄都可以觸發「熾熱香爐」的效果——增加目標 25% 的攻擊速度和每次普通攻擊 25 點的吸血，而且這個效果可以多次疊加。於是出現了一種非常另類的打法，遊戲到中後期就是在比拚哪一邊的「熾熱香爐」裝備數量多，

甚至在職業賽場上還出現過上、中、下路英雄全部使用可以出「熾熱香爐」裝備的英雄。同時，ADC 英雄也開始選用那些以往認為比較容易死、但是攻擊距離更遠的英雄，因為有多個隊友可以為自己增加護盾，而且「熾熱香爐」的吸血效果也可以保全自己的性命。也就是說，一件裝備徹底改變了遊戲內的生態。

不只是裝備會引起這種變化，遊戲內的機制變動也會產生類似的效果。為了加快遊戲節奏，防止過於沉悶而讓觀眾感覺乏味，遊戲內增加了塔的鍍層機制，在前 14 分鐘打掉一部分塔的血量後，會增加金錢收入，這就使遊戲前期的節奏非常快，玩家希望前期盡可能藉由多獲取鍍層經濟，來占領更多的經濟優勢。在鍍層收益最高的版本裡，遊戲內主要帶動前期節奏的打野，基本會選擇早期非常強勢的英雄。

經常看《英雄聯盟》的玩家可能會發現，隨著版本的更迭，職業賽場上英雄的使用和打法會出現天翻地覆的變化，有些時候並不是因為製作團隊大幅度的修改，可能只是製作團隊一點看似微不足道的改變。

這種修改有好和不好兩方面，好的方面是對於觀眾和玩家來說新鮮感十足，不停地有新的打法出現；不好的方面是，遊戲內的玩法和機制嚴重缺乏穩定性，經常出現「一代版本一代神」的情況，甚至會出現很多職業選手因為不適應版本更替狀態而大幅下滑的情況。

因為《英雄聯盟》整體節奏較快，所以機制改動對遊戲本身的影響更加明顯，DotA2 也有類似的情況，比如「詭計之霧」的出現就完全影響了整個遊戲的生態和打法，還有「跳刀」和「肉山」的修改，也都使生態出現過天翻地覆的變化。

這裡還涉及另外一個關鍵問題——遊戲的平衡性。

首先，什麼是平衡性，站在玩家的角度來說，**平衡性是讓玩家一直有選擇餘地的動態機制**，或者說平衡性的本質是保障遊戲的多樣性。也就是說，玩家在各種情況下，要確保可以透過選擇改變自己的命運，而不是只能等死。站在遊戲開發者的角度，**平衡性是遊戲企畫和玩家之間一種預設的契約關係**，遊戲企畫要保證玩家在遊戲裡的投入一直是有意義的。

在單機遊戲時代，平衡性的概念並沒有那麼重要，因為遊戲裡的敵人是沒有情緒的，進入網路遊戲時代以後，平衡性立刻成為一款遊戲的核心。當然，還有另外一點很值得強調，那就是平衡性和公平性是兩個概念，比如遊戲裡有一種戰術非常強大，讓對方難以應付，那麼就是平衡性差，但是並不代表不公平，因為你也可以選擇用這種戰術；不公平的意思是，遊戲開發者告訴一部分玩家，執行 A 戰術可以獲得 X 收益，但是對另外一部分玩家說，執行 A 戰術獲取的是 Y 收益，只要 X 和 Y 的強度不一，那麼就是不公平的。**所以不平衡未必意味著不公平，但是不公平一定是不平衡的。**

另外很重要的一點是，一定程度的隨機性是平衡和公平都需要的，因為**運氣對所有人而言都是平衡和公平的**。即使不公平，你也不會抱怨遊戲的開發者，最多抱怨自己運氣差。

非常需要注意的是，多人遊戲內的公平性比平衡性要重要很多。

美國心理學家約翰・斯塔希・亞當斯（John Stacey Adams）提出的公平理論可以解釋公平的重要性：

1. 公平是激勵的動力。公平理論認為，人能否受到激勵，不但根據他們得到了什麼而定，還要根據他們所得與別人所得是否公平而定。這種理論的心理學依據，就是人的知覺對人的動機影響很大。他們指出，一個人不僅關心自己得失本身，還關心與別人得失的關係。他們以相對付出和相對報酬全面衡量自己的得失。如果得失比例和他人相比大致相當，心裡就會平靜，認為公平合理，心情舒暢；比別人高則會興奮，受到鼓勵，但有時過高會讓人感到心虛，不安全感激增；低於別人時會產生不安全感，心裡不平靜，甚至滿腹怨氣，工作不努力，消極怠工。因此，分配合理性常是激發人在組織中努力工作的因素和動力。

2. 公平理論的模式（即方程式）：$Qp/Ip=Qo/Io$。Qp 代表一個人對他所獲得報酬的感覺。Ip 代表一個人對他所投入的感覺。Qo 代表這個人對某比較物件所獲得報酬的感覺。Io 代表這個人對比較物件所投入的感覺。

3. 不公平的心理行為。當人們感到不公平時，會很苦惱，呈現緊張不安的狀態，導致行為動機下降，工作效率下降，甚至出現反向行為。個體為了消除不安，一般會採取以下一些行為措施：藉由自我解釋達到自我安慰，製造一種公平的假象，以消除不安；更換比較物件，以獲得主觀的公平；採取一定行為，改變自己或他人的得失狀況；發洩怨氣，製造矛盾；暫時忍耐或逃避。

同樣地，平衡性差也會為遊戲帶來一系列問題。平衡性差會使所有玩家一窩蜂地使用同一個戰術，導致剩下的戰術變得毫無意義，降低遊戲性。所以對於開發者來說，平衡性除了提高玩家層面的樂趣以外，更重要的是延長自己遊戲的時間。平衡性差的遊戲，玩家一定不會投入太多精力。

單純說平衡性，也有很多層面的差異。一般認為平衡性有兩種：一種是**感知層面的平衡性**，也就是不需要真正意義上的平衡，只要玩家覺得比較平衡就可以了，DotA2 就是這一類，並且做得非常出色；另一種是**數值層面的平衡性**，一般只存在於機制較少的遊戲裡，比如傳統的回合制 JRPG，幾乎就是純粹的數學計算，那麼在數值層面幾乎可以做到平衡，而機制比較複雜的遊戲，數值層面的平衡很難設計，而且並不是那麼重要。但對於絕大多數的遊戲來說，這兩種平衡要盡可能同時滿足。

說回《英雄聯盟》。

很多人認為這種小調整導致的蝴蝶效應表現了遊戲的糟糕平衡性，現實正好相反，**遊戲內越容易出現這種蝴蝶效應，表示平衡性的細節做得越好，證明遊戲的系統非常敏感**，一點兒細微調整都會引起全域的震動。若大量調整了細節，但遊戲內的生態沒有變化，那麼原有的生態肯定是極為不平衡的。如果不理解的話可以想像一下天秤，你加一根羽毛就會讓整個天秤傾斜到另外一邊，和你加一個鉛塊也不會讓天秤傾斜到另外一邊，顯然前者的原始狀態距離平衡更近一些。當然，這裡也不是說 DotA2 的平衡性不好，DotA2 的平衡性相當出色，但是 DotA2 的整體遊戲節奏偏慢，角色的生存能力較強，所以遊戲的系統對戰鬥層面機制的平衡性不敏感，如果 DotA2 的技能傷害全部加倍，那我們就能看出敏感度了。

《英雄聯盟》這種有超過 140 個英雄、上百種機制的遊戲，想要實現絕對平衡是完全不可能的。就連宮本茂這種殿堂級的製作人在製作《超級瑪利歐銀河》的時候也感歎過，內容越複雜的遊戲，難度調整也越困難。當機制複雜到《英雄聯盟》的程度，有時只能達到相對的動態平衡，不時調整一點版本細節，讓生態環境變一下。雖然有極高出場率的英雄，但是有 Ban&Pick 機制存在，也不會出現完全無法處理的問題。另外，還存在一個幾乎不可能完全解決的問題，即玩家差異導致的遊戲內平衡性不穩定，比如 S8 到 S9 的阿卡莉，在職業賽場上勝率一直高居前幾位，甚至在 S8 全球總決賽的得勝率達到了驚人的 72.7%，導致 Riot 公司一直在削弱該英雄的能力。反而普通玩家平時玩遊戲時，阿卡莉的勝率一直在所有英雄裡墊底，甚至一度只有 40% 左右，出現遊戲產業最無解的「阿卡莉困局」。再比如 S10 中夏季賽的「懲戒之箭‧法洛士」也是相同的情況，該英雄的「被 Ban 率」幾乎 100%，沒有任何一個職業選手想看到對手選擇他，甚至有職業選手喊話需要大幅削弱該英雄的技能，而該英雄在普通玩家遊戲時出場率一般，勝率甚至排在 ADC 類英雄的倒數。

　　因為操作水準不同，所以這種平衡性屬於動態平衡性，很多時候職業賽場上選擇的英雄和平時玩家選擇的英雄是正好相反的。

　　大部分競技遊戲會面臨類似的問題。比如在很長時間裡，DotA2 裡的地卜師和卡爾在職業賽場和普通玩家比賽裡有截然不同的效果；《魔獸爭霸 III》選手 Moon 玩的暗夜精靈種族強大到被稱為「第五種族」，甚至讓暴雪被迫修改遊戲數據，但在普通玩家平時的遊戲裡，暗夜精靈並不算強；很多《爐石戰記》或者《皇室戰爭》的玩家會選擇複製獲獎選手的卡組，但結果是勝率非常糟糕。

　　導致這種結果的原因無非四點：一是職業選手和業餘玩家，對於不同英雄的操作上限是截然不同的，阿卡莉就是這種英雄；二是不同的人對某種類型的英雄或者打法，可能有不同的操作上限和喜好，Moon 的暗夜精靈就是這種情況；三是在《英雄聯盟》這種團隊遊戲裡，一個英雄的強度和隊友選用的英雄是直接相關的，法洛士就是這種英雄；第四點是最容易被忽視的，就是設備的差異，這點對於《王者榮耀》來說十分重要，比如網路的狀況、手機螢幕的大小，如果玩家沒什麼概念的話，可以試試分別在 iPad 和手機上玩《王者榮耀》，會感覺這是兩款不同的遊戲。而對於《英雄聯盟》這類 PC 遊戲來說，設備差異的影

響就會很小。但因為設備多少還是會有些差異，所以大多數職業賽事會強制要求選手使用統一的設備，一般只有滑鼠和鍵盤允許玩家自己攜帶。

在英雄聯盟 S10 總決賽上，還出現了一個很奇怪的「莉莉亞效應」。「羞赧綻華・莉莉亞」是《英雄聯盟》裡的一名「打野」英雄，在 S10 總決賽前推出，第一時間就被認為機制和屬性都非常強。在入圍賽階段，這個英雄的勝率極低，甚至一開始就出現了五連敗。最終勝率也只有 31.2%，在所有非零勝率英雄裡排倒數第二名。但是這個英雄的被禁率和出場率都排到了正數第二名，也就是說，這是一個沒人想在對方陣營看到，如果可以用、自己也會搶，但勝率就是不高的英雄。在入圍賽期間，圍繞這個英雄產生了巨大的爭議，這種極低勝率和極高出場率的差異，讓玩家不理解為什麼大家如此熱衷於選擇她。進入世界賽正賽以後，這個質疑立刻就消失了，因為莉莉亞的勝率獲得大幅提升，證明這是一個真正的強力英雄。之所以有這麼明顯的改變，就是因為莉莉亞非常依賴團隊合作，低水準隊伍團隊合作能力差，莉莉亞就凸顯了團隊的缺點；當進入正賽，若團隊合作能力強時，莉莉亞就變成了團隊的提升點。

▲ 圖 14-1　莉莉亞出場率高但勝率低，一度讓玩家不理解

遊戲的開發團隊要維持這些截然不同的玩家類型和設備的相對平衡性，這也說明了根本不存在絕對的平衡。

　　《英雄聯盟》的公共資源機制滿足了前文提過的，要讓玩家一直有選擇餘地的要求。比如 S10 時遊戲前期，需要爭奪小龍和峽谷的先鋒資源，在正常平穩發育的比賽裡，基本是雙方各選擇一個，需要前期遊戲節奏的可選擇峽谷先鋒，因為可以配合塔的鍍層機制，在前期獲得金錢收益；需要後期強勢的可選擇小龍資源，因為可以獲得永久性的加強，尤其在獲得四條小龍以後的加強，會讓對方很難翻盤。遊戲後期又有男爵和遠古巨龍兩個更強大的公共資源，男爵可以讓我方獲得兵線優勢，而遠古巨龍更能輔助團戰。也就是說，只要玩家在遊戲內經營出色的話，都可以透過控制公共資源獲得巨大優勢，甚至徹底翻盤。同時，遊戲內因為有懲戒技能，這個技能會對公共資源裡的野怪造成大量真實傷害，所以玩家甚至可能在牌極為劣勢的情況下，靠著我方「打野」搶到對方某個野怪而直接翻盤，這在職業賽場上也時常可以看到。

　　講了這麼多，這裡總結，像《英雄聯盟》或者 MOBA 之類的多人對戰遊戲的動態平衡到底要做到什麼程度才算是好的？

　　要滿足三點：一是遊戲內容盡可能多樣性，讓更多的英雄和戰術打法出現在遊戲賽場上，這一點《英雄聯盟》至今做得都不夠好，遊戲賽場中英雄的重複度比較高，所以製作團隊會頻繁微調遊戲內的數值和小機制，盡可能讓更多的英雄出場；二是保證遊戲的公平性，《英雄聯盟》在這方面整體來說都做得比較出色，哪怕英雄和打法過於單一的特殊時代，至少可以保證相對公平；三是確保各階層玩家都有參與感，如果說前兩點 DotA2 做得都要好過《英雄聯盟》，在這一點上《英雄聯盟》就要遠遠好過 DotA2 了，無論新手玩家還是高水準的職業選手，都可以找到自己喜歡的英雄、位置和打法，並且不會有單一的挫敗感。

　　一款好的對戰類遊戲，也一定會盡可能地滿足上面三點要求。

　　事實上，《英雄聯盟》之所以會有改變生態環境的各種調整，除了平衡性，還可以從另外一個角度解釋。一款電子遊戲有三個主要的階段，分別是**入門上手、熟悉遊戲規則和機制、遊戲時間**。

在絕大多數遊戲裡，前兩階段盡可能縮短，第三階段盡可能延長，尤其是電子競技遊戲，必須盡量縮短玩家的學習時間，讓玩家可以盡早體驗遊戲本身。但是前文也提出過一個很重要的觀點，就是電子遊戲是一系列選擇的集合，對於玩家來說，**選擇越不可預期、越新鮮，那麼遊戲的吸引力越強**。而當第一和第二階段很快結束，第三階段又因為遊戲內容欠缺而越來越缺乏吸引力的時候，遊戲自然而然就走向了生命的末期。

《英雄聯盟》之所以增加新英雄，調整遊戲生態環境，本質上是當玩家進入第三階段以後，再強行創造一個第二階段讓玩家學習，之後進入一個新的第三階段體驗，因此這裡只要保證第二階段的體驗不會過於痛苦就好。並且在整個遊戲的生命週期裡一直重複這個過程。這裡有個典型的反例：《鬥陣特攻》在遊戲上線時，被認為是一款讓人著迷的遊戲，但是之後口碑出現了斷崖式下滑，背後最主要的原因，就是遊戲的更新和生態調整實在太少。舉個例子來說，《鬥陣特攻》上線超過四年時，更換數次卻只有 32 名英雄，而幾乎同時間上線的《王者榮耀》的英雄數量則已經達到 101 名。

當然，這裡也有個例就是《反恐精英》，遊戲的生態環境並沒有太大的調整，大家還一直不離不棄，主要原因就是遊戲為玩家提供了足夠多的選擇。在《反恐精英》裡沒有明確的職業限制，不需要遵守《鬥陣特攻》裡 303 或者 312 的戰術體系，在這種相對自由的環境下選擇更多，也就延長了第三階段的時間。

從結果來說，在長達十年的時間裡，《英雄聯盟》一直是全世界最流行的電子競技遊戲，也可以說明這種相對動態的調整機制是成功的。

說個有趣的題外話：《英雄聯盟》一直有個無法解釋的測試結果，那就是當玩家不做任何干預的情況下，讓雙方小兵互相進攻，永遠是藍方獲勝。直到 2020 年，Riot 公司才發現這個情況產生的主要原因，是藍方的炮車兵比紅方多了「20 點」的射程，也就相當於藍方炮車會提早攻擊，而這個問題從遊戲內部測試時就存在，用了 11 年才被發現。

可能對於大部分公司來說，平衡性測試沒有想像中的那麼嚴謹。

隱藏機制

我在本書的一開始提到過，機制是隱密的，甚至有些機制可以不被玩家發掘。

隱藏機制可以很小。

在《薩爾達傳說：曠野之息》裡，玩家走路的過程中，會有上百種不同的步伐組合，比如穿不同的鞋子、踩到不同的土地類型上，背不同的盾牌與劍，都會產生不同的聲音效果。這種不同聲音效果的變化，其實大部分玩家都沒意識，但十分重要。遊戲裡的地圖非常大，除了場景和背景音樂的轉換以外，不同的聲音也會為玩家帶來不同體驗，緩解玩家的疲勞感。同時，這款遊戲在聲音細節上已經做到遊戲產業最頂尖的水準，比如當玩家穿上潛行衣的時候，盾牌、劍和衣服互相摩擦的聲音會降低，但如果仔細聽就可以發現，並不只是音量降低，整個聲音都重新錄製過，聽起來像是真的穿上了某種更加光滑、摩擦聲音很小的衣服一樣。而這種細微的聲音變化也是暗示玩家，此時操作林克應更加謹慎，玩家的注意力也會更加集中。

除了走路聲以外，《薩爾達傳說：曠野之息》裡和聲音有關的所有設計，都是遊戲產業的最高水準。比如當遊戲進入不同場景會有不同的背景音樂，甚至晝夜交替也有不同的背景音樂。如果仔細聽的話，會發現這個背景音樂的切換，並不是停掉上一首然後播放下一首，而是無縫銜接，這是因為遊戲裡的所有音樂都考慮到這個問題，切換在演奏層面毫無痕跡，以非常自然的方式過渡到了下一首。這種設置就讓背景音樂毫無抽離感，讓玩家感覺背景音樂彷彿是遊戲裡身邊某個人演奏的一樣，是遊戲世界的一部分。

戰鬥場景也是如此，《薩爾達傳說：曠野之息》裡的戰鬥背景音樂和戰鬥內容是直接相關的，當你做出某些戰鬥操作以後，背景音樂會有調整，這裡指的不是打擊音效，而是音樂。這會讓玩家感覺戰鬥環節的背景音樂更像是戰歌，時時刻刻和你互動。

日本公司很喜歡在隱藏機制上下功夫。

比如遊戲的移動機制也可以根據遊戲的需求來調整，例如《惡靈古堡4》加入了一個很有意思的設計，在當時大多數3D遊戲可以快速轉身時，《惡靈古堡4》選擇了無法快速轉身，玩家如果要後退，只能緩慢地倒退，面對著殭屍倒退。如果想要跑，只能來個180度相對緩慢的大轉身跑，而這時候就背對殭屍了，玩家在遊戲裡無法面對殭屍且快速後退。這就大大增強了玩家對殭屍的恐懼感，如果正面面對，只能看殭屍一步步靠近，而要跑又必須背對殭屍，讓玩家看不到殭屍到底在做什麼，所以必須要在合適的時間選擇合適的行為。更重要的是，這款遊戲不允許玩家在移動中射擊，更增添了過程中的緊張感。

《惡靈古堡4》還有一個更知名的隱藏機制，那就是遊戲難度是動態調整的，如果你「死」的次數比較多，那麼關卡的敵人數量就會減少。Capcom卡普空的另外一款遊戲《鬼泣3》裡，敵人AI提供的難度等級會隨著玩家的推進而越來越高，但玩家如果意外死亡，那麼AI就會直接降到最低。同樣是《鬼泣》系列，只有在玩家螢幕裡的敵人才會主動攻擊玩家，這麼設計是為了減少玩家被「放暗箭」產生的挫敗感。

歐美的一些遊戲公司也會做點有意思的小設計，比如在《祕境探險》和《生化奇兵》系列裡，敵人的第一槍是永遠不會打中的；《網路奇兵》最後一發子彈的攻擊力非常強；《祕境探險》中「走哪塌哪」的系統其實是會調整的，只要玩家均速前進正好都可以走到安全的地方，這也是在為玩家創造成就感。《鬼泣》裡螢幕外的敵人會降低攻擊速度，稍微遠一點的更是完全不會攻擊。

機制也可以跟現實世界做交替，最有創造性的案例是《我們的太陽》裡，遊戲的GBA卡帶加入了專門的感光元件，在太陽下玩會獲得增強，實際上這是強迫玩家走到戶外玩電子遊戲的設計。

記住，機制是遊戲設計師的詭計。

15 遊戲機制的組合法

玩家的差異

世界上最早一批遊戲開發者之一的理查·巴特爾（Richard Bartle）發表過一篇名為《牌上的花色——MUD 中的玩家》的論文。這篇論文裡把玩家分為四類，這個分類時至今日依然適用。這四類分別是：成就型玩家（Achievers）、探險型玩家（Explorers）、社交型玩家（Socializers）、殺手型玩家（Killers）。

我直接引用了原文裡的解釋。

- 成就型玩家將累計點數並升級做為他們的主要目標，並且所有行為都是對這有用的。為了發現珍寶，探索是必要的。對於這類玩家，探索也是一種取得點數的方式。交流是一種既能放鬆，又能從其他玩家那得知如何快速累積點數的方式。他們的知識可能被用於增加財富。「殺死」其他遊戲角色僅僅是為了消滅自己的競爭者，或者取得大量的點數（如果「殺死」其他遊戲角色就能獲得獎勵）。

- 探索型玩家喜歡揭露一些遊戲中隱蔽的東西。他們試著解釋各種深奧的過程，通常會探索野外或者很多偏僻的地方，尋找有趣的特性（比如bug），然後指出這到底是怎麼回事。為了進入下一階段的探索，累積點數是必要的，但對其而言是沉悶的，並且他們會用「半個腦子」去完成。這類玩家「殺死」怪物的速度更快，並且也可能為了自己的目的去增強自身能力。交流可能被當做為了將新的想法付諸實踐，而去獲得訊息的行為，但這些人大部分說的是一些不相關的或過時（irrelevant or old hat）的話。對他們而言，真正的樂趣來自於發現，以及完整搜尋整個地圖的嘗試。

- 社交型玩家的樂趣來自與人相處，並且他們也這麼認為。遊戲只是一個背景，一個普通發生在所有玩家身上的故事。玩家間的相互關係（inter-player relationship）才是重要的：與他人進行精神交流（empathising）、相互認同（sympathising）、玩耍、娛樂、傾聽別人說話，甚至就像看戲劇般地觀察他人的喜怒哀樂，觀察他人成長、成熟的過程。為了明白所有人都在聊些什麼，適度的探索（exploration）是必要的。點數與積

分（points-scoring）是必要的，以便能與等級更高的玩家平等且優雅地暢談（也為了取得交流中某些必要的狀態）。對這類玩家而言，「殺死」其他角色是不能被原諒的行為，是衝動的行動，除非是為了懲罰那些為自己心愛的朋友帶來痛苦的人。這類玩家最終需要履行之事，並不是提升自己的等級也不是「殺死」一個可憐蟲角色，而是去瞭解他人、並保持美好且長久的關係。

- 「殺手」型玩家將遊戲中自己的人生價值建立在他人身上。這可能是件「好事」，比如，去做好人好事，但是很少人這麼做，因為遊戲中的這類獎勵（一點溫暖，使內心舒坦）是非常不穩定的。更多時候，這類玩家攻擊其他玩家就是為了「殺死」他們在遊戲中的角色（在當前的遊戲中抹除他們的名字）。對他們而言，增加點數是非常必要的，他們需要取得足夠強大的力量。探索也是一種發現更新、更巧妙的「殺手技巧」的途徑。為了取得勝利，社交有時是值得的，例如發現某人在遊戲中的習慣，或者與其他殺手型玩家討論戰術。

特雷西・弗雷頓（Tracy Fullerton）在《遊戲設計夢工廠》裡也提出了一種透過玩家訴求將玩家分類的方法，分類如下：

- 競爭型玩家：不管什麼遊戲都想比其他玩家玩得更好。
- 探索型玩家：對世界充滿好奇心，熱愛在外部世界冒險和探索。
- 收集型玩家：熱衷於收集物品、獎勵和知識，喜歡分類、梳理歷史等。
- 成就型玩家：為了不同級別的成就而遊戲，上升通道和等級畫分對這類玩家具有很大的刺激作用。
- 娛樂型玩家：不喜歡嚴肅認真地玩遊戲，僅僅是為了娛樂而娛樂；娛樂型玩家對那些認真的玩家具有潛在的干擾作用，但可以在遊戲生態中融入更多社交性。
- 藝術型玩家；由遊戲中的創造力、創意、設計等方面所驅動的玩家。
- 指導型玩家：愛管事情、承擔責任。喜歡干預遊戲。
- 故事型玩家：喜歡想像和建立自己所居住世界的人。

- 表演型玩家：喜歡表演和配合其他玩家。

- 工匠型玩家：熱愛建設、組裝，並搞懂一些複雜的事情。

美國教育學家、心理學家霍華德·加德納（Howard Gardner）還提出過一個「多元智慧」理論，這個理論認為人類的思維和認識的方式是多元的：

語言智慧：指人對語言的掌握和靈活運用的能力，透過詞語的多種組合方式來表達複雜意義。

- 數理邏輯智慧：指人對邏輯結果關係的理解、推理、表達能力，明顯特徵是利用邏輯方法解決問題，有著對數位和抽象模式的理解力，以及認識並解決問題的推理能力。

- 視覺空間智慧：指人對色彩、形狀、空間位置的正確感受和表達能力，明顯特徵為對視覺世界有準確的感知，能產生思維圖像，具有三維空間的思維能力，能辨別和感知空間與物體之間的聯繫。

- 音樂韻律智慧：指人的感受、辨別、記憶、表達音樂的能力，明顯特徵是對環境中的非言語聲音，包括韻律和曲調、節奏、音高、音質比較敏感。

- 身體運動智慧：指人的身體的協調性、平衡能力和運動的力量、速度、靈活性等，明顯特徵是透過身體交流來解決問題，可熟練地操作物體以及需要良好動作技能的活動。

- 人際溝通智慧：指對他人的表情、語言、手勢動作的敏感程度以及對此做出有效反應的能力，表現在個人具備能覺察、體驗他人的情緒、情感並做出適當的反應。

- 自我認識智慧：指個體具備認識、洞察和反省自身的能力，明顯特徵是熟知自己的感覺和情緒敏感，瞭解自己的優缺點，用自己的知識來引導決策，設定目標。

- 自然觀察智慧：指的是觀察自然的各種形態，能辨認和分類物體，具備洞察自然或人造系統的能力。

在遊戲研究和遊戲化設計領域，有大量學者都做過針對玩家進行分類的研究。還有更加細緻的劃分，甚至可以把玩家分為幾十種不同的類型，這些分類的根本是為了告訴遊戲開發者：玩家的訴求是不同的。

在分析傳統遊戲類型時，類型建立者需要分析遊戲的受眾人群。我見過大部分案例在描述受眾人群的項目為「十六到二十二歲的在校生，男性為主」，或者「三十歲的一線城市女性，經濟條件寬裕」。顯而易見，這種分類方法非常錯誤，除非是為了投放廣告，否則毫無意義。相較而言，遊戲學者對於玩家的分類更具參考性，比如分析自己的目標受眾是成就型玩家，還是「殺手」型玩家或者是其他類型的玩家，然後根據可能的遊戲類型玩家，找到同類玩家最喜歡的遊戲裡的優點，盡可能迎合這個玩家群體的喜好調整遊戲。

這才是遊戲類型建立時真正應該考慮的目標群體分類。

遊戲分類的弱化

電子遊戲的分類方式非常複雜和多樣，傳統意義上常見的遊戲可以分為下面幾種：

- 動作遊戲（Action Game，簡稱 ACT）。廣義上，一切具動作要素的即時互動性遊戲皆屬於動作遊戲；狹義上則是以肢體打鬥和冷兵器做為主要戰鬥方式的闖關類遊戲。我們使用這個詞時，通常指的是那些具有單純動作遊戲元素的遊戲，也就是更接近狹義的解釋。

- 格鬥遊戲（Fighting Game，簡稱 FTG）：通常是玩家雙方面對面站立並相互作戰，透過減少對方的血格來取得勝利。這類遊戲通常要有精巧的人物與招式設定，以達到公平競爭的原則，相對而言更加注重拳腳的較量。

- 冒險遊戲（Adventure Game，簡稱 AVG）：是電子遊戲中最早的類型之一，主要以電腦遊戲為主。此類型遊戲採取玩家輸入或選擇指令以改變行動的形式，強調故事線索的發掘及故事劇情，主要考驗玩家的觀察力和分析能力。這類遊戲很像角色扮演遊戲，但不同的是，冒險遊戲中

玩家操控的遊戲主角本身的等級、屬性能力一般固定不變，並且不會影響遊戲的進程。

- 角色扮演遊戲（Role-Playing Game，簡稱 RPG）：是一種玩家操控虛擬世界中主角活動的電子遊戲類型，起源於紙筆桌上角色扮演遊戲。一般玩家控制核心遊戲角色，或是隊伍的多名遊戲角色，經由完成一系列任務或到達主線劇情的結局來取得勝利。這類遊戲的一個關鍵特性是角色的力量和能力會成長，同時 RPG 很少挑戰玩家的協調性或反應能力。

- 模擬遊戲（Simulation Game，簡稱 SIM）：透過電腦模擬真實世界當中的環境與事件，提供玩家一個近似於現實生活當中可能發生的情境的遊戲，都可以稱作模擬遊戲。模擬遊戲一般沒有明確的結局。

- 策略（戰略）遊戲（Strategy Game，簡稱 SLG）：由模擬遊戲所衍生的遊戲類型，其縮寫 SLG 也源於模擬遊戲的 Simulation Game。策略遊戲需要玩家在某種規則內自己想辦法達成目標，一般分為回合制和即時制兩種類型。

- 第一人稱射擊遊戲（First-Person Shooting Game，簡稱 FPS）：是以玩家的第一人稱視角為主視角進行射擊類電子遊戲的總稱，通常需要使用槍械或其它武器來戰鬥。玩家直接以遊戲主人公的視角觀察周圍環境，並執行射擊、運動、對話等活動。大部分第一人稱射擊遊戲會採用 3D 或偽 3D 技術，來讓玩家獲得身臨其境的體驗，並實現多人遊戲的需求。

- 競速遊戲（Racing Game）：主要是賽車遊戲，以第一人稱或者第三人稱參與速度的競爭。

- 運動遊戲（Sport Game）：是一種讓玩家模擬參與專業體育運動專案的遊戲類型。包括常見的體育運動如雪上運動、籃球、高爾夫球、足球、網球等具策略性的運動較為熱門。

- 音樂遊戲（Music Game，簡稱 MUG）：玩家配合音樂與節奏做出動作來進行遊戲。通常玩家做出的動作與節奏吻合即可得分，否則扣分或不計分。遊戲的最終目的是追求沒有失誤。

- 益智遊戲（Puzzle Game）：主要指注重解謎的益智遊戲，大多益智遊戲涉及運用各種手段解決既定問題。

以上這些只是電子遊戲的大概分類，早期這種分類是相對方便的，但現在隨著遊戲機制愈加複雜，我們越來越難以精準地描述一款遊戲。

吉澤秀雄在《大師談遊戲設計：創意與節奏》裡提到過一個很重要的概念：**不以類型為出發點**。事實上，從絕大多數遊戲開發者的訪談裡可以發現相似的觀點，好的遊戲在設定類型時都不會明確說自己具體要做一款什麼類型的遊戲，而是從核心玩法出發。還是回到《超級瑪利歐》系列，核心玩法一直是跳躍，但其實遊戲形式和表現方式上有各種不同的展現形式。再比如《潛龍諜影》系列也是一款很難定義類型的遊戲，它既像射擊遊戲，又像動作遊戲（小島秀夫在訪談裡經常提到《潛龍諜影》是動作遊戲），而一般我們都說它是一款潛行遊戲，但是說遊戲分類的時候，也不會提到潛行遊戲這麼細微的類別。所以，在如今遊戲市場與機制極為複雜的情況下，我們已經很難用一套分類系統來劃分遊戲。

遊戲的組合機制

電子遊戲發展至今，已經很難用某個特定類型，甚至某個核心玩法去概括一款遊戲。隨著機能和開發能力的爆炸式提升，遊戲內容也變得越來越豐富、越來越複雜。在絕大多數遊戲裡，我們可以看到很多其他遊戲的影子。

未來，電子遊戲的發展也會出現多種遊戲相互融合的趨勢，各種複雜的類型和機制可能會出現在同一款遊戲上，複雜到玩家都很難精準地描述這款遊戲。

遊戲市場上有兩種非常好的媒介遊戲，分別為 Roguelike 和 MOBA，這兩種遊戲類型非常適合和其他特殊類型的遊戲融合，發展出新的遊戲方式。

融合 Roguelike 的遊戲要素一般有：隨機化的遊戲內容或者地圖、無限挑戰元素。比如《殺戮尖塔》就是一款卡牌結合 Roguelike 元素的遊戲。

▲ 圖 15-1 《殺戮尖塔》成功地在卡牌遊戲裡加入了 Rogulike 元素

　　融合 MOBA 的遊戲的要素一般有：多人遊戲、豐富的技能組合、明確的任務劃分。其中《鬥陣特攻》就是典型的在射擊遊戲裡加入 MOBA 元素的遊戲。

　　近年還出現了另外一種被廣泛使用的遊戲機制——「吃雞」，也就是「大逃殺」，把一群人圈在某個範圍內讓他們「互相廝殺」。Apex 就是「大逃殺+MOBA」結合兩種思路的遊戲，而《堡壘之夜》在「吃雞」遊戲裡加入了建造環節。

　　未來的遊戲市場一定是這種遊戲類型的大融合，以某類遊戲為基礎，加入新的機制。

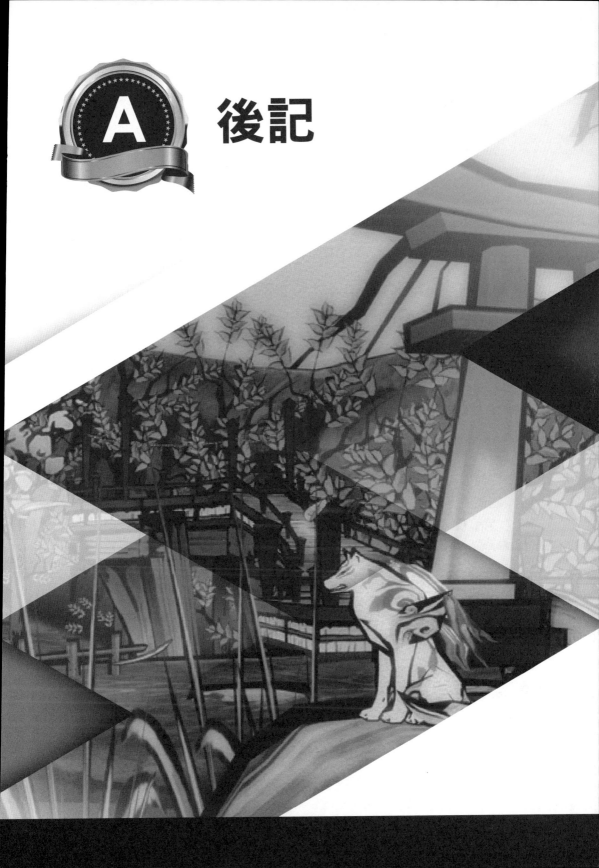

A 後記

遊戲與生活

在我寫本書之前，我的朋友曾說自己 30 多歲，工作和生活皆一事無成，那種感覺就像是在遊戲裡打到了一半的地方，結果發現一件高級裝備都沒有，甚至技能點都點錯了，連個「重置技能」的功能都沒有。

這種感覺很多人應該都有。如果現實世界是遊戲的話，那麼我們玩過很多糟糕的遊戲，學習和工作都是，沒有人能夠對自己做過的所有事情都滿意。

而電子遊戲擁有現實世界沒有的魅力，遊戲畢竟不是自己的人生，你不用為做錯的事情承擔後果，如果缺少高級裝備或者點錯技能點，大不了重新開始，或者再絕對一點，乾脆不玩了，反正這個世界上的遊戲多的是。

但人生只有一次。

我之前寫了三本和遊戲有關的書，分別是講中國遊戲史的《中國遊戲風雲》、講世界遊戲產業如何賺錢的《電子遊戲商業史》和一本遊戲化的入門讀物《遊戲化思維：從激勵到沉浸》。看過這三本書的朋友應該能發現，我一直在盡可能地區分遊戲和現實，這一點尤其在《遊戲化思維：從激勵到沉浸》這本書裡表現得很充分。市面上大部分的遊戲相關書籍把遊戲化說成可以解決萬物矛盾的「萬靈丹」，而我在書裡不停地強調遊戲化不是「銀彈」，沒有任何工具能夠解決你在現實世界裡的問題。

工具永遠是工具，而生活永遠是生活。

這是我這本書最後需要強調的一個問題，遊戲裡有非常多好玩的設計，但是不要把這些設計過度帶入自己的生活。

遊戲的意義

我在寫前述三本書的時候，都會被人問到一個問題：遊戲到底有什麼意義？

我每次的回答都會讓提問的人大失所望：一是讓人開心，二是沒意義。

這個問題的背後其實是一種很傳統的思考問題的方式，即非常喜歡為一件事找個意義，這個意義最好是積極向上的，最好具教育意義。我們從小到大上學都經歷過這些，你去看小說，父母會問你這有什麼用；你去看電影，老師會說這是浪費時間；你去玩遊戲，那更慘了，他們會說你要學壞了。

這種思維方式把很多遊戲從業者帶往一個奇怪的方向：他們總是奢望為遊戲尋找一些意義。 比如可以鍛鍊大腦，這大概可以；比如可以學到知識，這可能也可以，但是效率肯定特別低；比如可以治療疾病，這個我就不懂了。

這也是國內大部分研究遊戲的學者主要在做的事情。

這也是我最討厭的一件事。

為什麼不能直挺挺地說：「我玩遊戲就是因為遊戲好玩，遊戲存在就是為了娛樂」？

遊戲與商業

中國的遊戲產業本質上是網路產業，遊戲公司的決策主要是以流量為導向的決策，而不是以產品為導向。這和絕大多數網路公司一樣，從結果來看並不能說不好，畢竟是創造了世界上最大的遊戲市場，但結果也造成了前些年中國的遊戲產業一直在一條死胡同裡徘徊。一線的開發者沒有話語權，遊戲公司想的都是怎麼藉由低價來獲取流量，導致遊戲產業長期存在著高度同化的問題。

在我寫《中國遊戲風雲》時，國內遊戲產業幾乎達到了同質化的巔峰，當市場上出現一款「爆紅」以後，就有成千上萬的類似產品開始研發並投入市場。市場上甚至形成了一股奇怪的風氣，大家不是批評抄襲者，而是嘲笑抄襲抄得慢的。這也是那些年中國遊戲產業最讓人痛心的地方。

但是在這濃重的消極氛圍裡，還有一些值得讓人肯定的事情。比如一批獨立遊戲開發者的崛起，還有包括騰訊在內一些大的網路公司開始嘗試創新，這也是難能可貴的。

但在這個過程中，一大批玩家已經失去了對遊戲最純粹的喜愛。

電子遊戲本質上是商品，賺錢是最高利益，所以公司只做賺錢的遊戲並無任何不妥。但是對於市場而言，這似乎是不可持續的，一個健康的市場一定是做好遊戲，好遊戲賺錢，然後繼續做好遊戲。按照遊戲設計的說法，這就形成了一個遊戲的核心迴圈。

這也是我對未來遊戲市場最大的期許。

遊戲機制檢查表

最後，提供一些我在寫本書時整理的一種遊戲機制設計，可供未來開發者需要思考的問題，無論是遊戲設計師還是玩家，都可以把它當成是一個檢查表。

1. 設計這個機制的目的是什麼？

2. 這個目的是不是必須的？

3. 你的機制會讓玩家產生哪些行為？

4. 一般行為和極限情況下的行為分別是什麼？

5. 這些行為符合你的預期嗎？

6. 這個機制有沒有做到和其他機制有所關聯？

7. 這個機制和其他機制的關聯是契合的還是對立的？

8. 無論是契合還是對立，是否都為有趣的？

MEMO

VIEW 職場力 2AB969

先讓魔王有魅力：破解好玩 Game 的爆紅公式！設計遊戲之前必須搞懂的玩家體驗

作　　者／王亞暉
責任編輯／單春蘭
特約編輯／王韻雅
特約美編／鄭力夫
封面設計／走路花工作室

行銷主任／辛政遠
行銷專員／楊惠潔
總 編 輯／姚蜀芸
副 社 長／黃錫鉉

總 經 理／吳濱伶
發 行 人／何飛鵬
出　　版／創意市集
發　　行／城邦文化事業股份有限公司
　　　　　歡迎光臨城邦讀書花園
　　　　　網址：www.cite.com.tw
香港發行所／城邦 (香港) 出版集團有限公司
　　　　　香港九龍土瓜灣土瓜灣道86號順聯工業
　　　　　大廈6樓A室
　　　　　電 話：(852) 25086231
　　　　　傳 真：(852) 25789337
　　　　　E-mail：hkcite@biznetvgator.com
馬新發行所／城邦 (馬新) 出版集團
　　　　　Cite (M) Sdn Bhd
　　　　　41, Jalan Radin Anum, Bandar Baru Sri Petaling,
　　　　　57000 Kuala Lumpur, Malaysia.
　　　　　電 話：(603) 90563833
　　　　　傳 真：(603) 90576622
　　　　　E-mail：services@cite.my

國家圖書館出版品預行編目資料

先讓魔王有魅力：破解好玩Game的爆紅公式！
設計遊戲之前必須搞懂的玩家體驗/王亞暉著. --
初版. -- 臺北市：創意市集出版：城邦文化事業
股份有限公司發行, 2024.03
面；　公分. -- (VIEW職場力)
ISBN 978-626-7336-64-9(平裝)
1.CST: 線上遊戲 2.CST: 電腦程式設計

312.8　　　　　　　　　　　　112021354

ISBN／978-626-7336-64-9（紙本）／
9786267336595（EPUB）
2024 年03月初版一刷Printed in Taiwan.
定價／新台幣380 元（紙本）／266元（EPUB）／
港幣127元

製版印刷／凱林彩印股份有限公司

本書簡體字版名為　《遊戲為什麼好玩：遊戲設計的奧秘》
（ISBN：978-7-115-60031-8），由人民郵電出版社有限公
司出版，版權屬人民郵電出版社有限公司所有。本書繁體字
中文版由人民郵電出版社有限公司授權城邦文化事業股份有
限公司出版。未經本書原版出版者和本書出版者書面許可，
任何單位和個人均不得以任何形式或任何手段，複製或傳播
本書的部分或全部。

※本書出現的所有遊戲畫面、商標，皆屬原遊戲開發商所
有，本書僅藉以作為說明輔助之用。

若書籍外觀有破損、缺頁、裝訂錯誤等不完整現
象，想要換書、退書，或您有大量購書的需求服
務，都請與客服中心聯繫。

客戶服務中心
地址：115 臺北市南港區昆陽街16號5樓
服務電話：（02）2500-7718、（02）2500-7719
服務時間：週一 ～ 週五9：30～18：00，
24小時傳真專線：（02）2500-1990～3
E-mail：service@readingclub.com.tw

廠商合作、作者投稿、讀者意見回饋，請至：
FB 粉絲團：http://www.facebook.com /innofair
E-mail 信箱：ifbook@hmg.com.tw